폴리아가 들려주는
문제 해결 전략 이야기

신준식 지음

NEW
수학자가 들려주는
수학 이야기
18

폴리아가 들려주는 문제 해결 전략 이야기

(주)자음과모음

추천사

수학자라는 거인의 어깨 위에서 보다 멀리, 보다 넓게 바라보는 수학의 세계!

수학 교과서는 대개 '결과'로서의 수학을 연역적으로 제시하는 경향이 강하기 때문에 학생들은 수학이 끊임없이 진화해 왔다고 생각하기 어렵습니다. 그렇지만 수학의 역사는 하나의 문제가 등장하고 그에 대해 많은 수학자가 고심하고 이를 해결하는 가운데 새로운 아이디어가 출현해 온 역동적인 과정입니다.

〈NEW 수학자가 들려주는 수학 이야기〉는 수학 주제들의 발생 과정을 수학자들의 목소리를 통해 친근하게 이야기 형식으로 들려주기 때문에 학생들이 수학을 '과거 완료형'이 아닌 '현재 진행형'으로 인식하는 데 도움이 될 것입니다.

학생들이 수학을 어려워하는 요인 중의 하나는 '추상성'이 강한 수학적 사고의 특성과 '구체성'을 선호하는 학생의 사고 사이에 존재하는 간극이며, 이런 간극을 줄이기 위해서 수학의 추상성을 희석시키고 수학 개념과 원리의 설명에 구체성을 부여하는 것이 필요합니다.

〈NEW 수학자가 들려주는 수학 이야기〉는 수학 교과서의 내용을 생동감 있게 재구성함으로써 추상적인 수학을 구체성을 갖는 수학으로 변모시키고 있습니다. 또한 중간중간에 곁들여진 수학자들의 에피소드는 자칫 무료해지기 쉬운 수학 공부에 윤활유 역할을 해 줄 것입니다.

〈NEW 수학자가 들려주는 수학 이야기〉의 구성을 보면 우선 수학자의 업적을 개략적으로 소개하고, 6~9개의 강의를 통해 수학 내적 세계와 외적 세계, 교실 안과 밖을 넘나들며 수학 개념과 원리를 소개한 후 마지막으로 강의에서 다룬 내용을 정리합니다.

이런 책의 흐름을 따라 읽다 보면 각각의 도서가 다루고 있는 주제에 대한 전체적이고 통합적인 이해가 가능하도록 구성되어 있습니다. 〈NEW 수학자가 들려주는 수학 이야기〉는 학교 수학 교과 과정과 긴밀하게 맞물려 있으며, 전체 시리즈를 통해 학교 수학의 많은 내용들을 다룹니다. 따라서 〈NEW 수학자가 들려주는 수학 이야기〉를 학교 수학 공부와 병행하면서 읽는다면 교과서 내용의 소화 흡수를 도울 수 있는 효소 역할을 할 것입니다.

뉴턴이 'On the shoulders of giants'라는 표현을 썼던 것처럼, 수학자라는 거인의 어깨 위에서는 보다 멀리, 넓게 바라볼 수 있습니다. 학생들이 〈NEW 수학자가 들려주는 수학 이야기〉를 읽으면서 각 수학자의 어깨 위에서 보다 수월하게 수학의 세계를 내다보는 기회를 갖기를 바랍니다.

홍익대학교 수학교육과 교수 | 《수학 콘서트》 저자 박경미

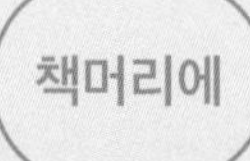

책머리에

세상의 진리를 수학으로 꿰뚫어 보는 맛
그 맛을 경험시켜 주는 '문제 해결 전략' 이야기

"그것, 문제없어!", "그것참, 문제야……." 이 말은 우리가 일상생활에서 자주 하고, 자주 듣는 말입니다. 여러분은 이런 말이 어떤 때에 사용되는지 생각해 본 적 있나요?

"그것, 문제없어!"는 문제를 풀 수 있을 때 하는 말입니다. '오리 25마리와 개 5마리가 있다. 다리는 모두 몇 개인가?' 3~4학년 학생이라면 "그것, 문제없어!"라고 말할 것입니다.

"그것참, 문제야……."는 해결할 수 있을 듯하면서도 잘 풀리지 않을 때 하는 말입니다. '오리와 개가 30마리 있는데 다리를 세었더니 80개였다. 오리와 개는 각각 몇 마리인가?' 이 문제는 쉬워서 해결할 수 있을 것 같은데 막상 해결하려고 하면 쉽게 풀리지 않습니다. 이럴 때 하는 말이 "그것참, 문제야……. 어떻게 하지?"입니다.

수학에서 문제란, 해결할 수 있을 듯하면서도 좀처럼 풀리지 않는 문제를 가리킵니다. 우리는 일상생활에서도 이런 문제와 많이 부닥치게 됩니다. 이렇게 해도, 저렇게 해도 잘 풀리지 않는 문제를 해결하려면 다양한 풀이 방법이 동원되어야 합니다. 다양한 풀이 방법이 곧 '문제 해결 전략'입니다. 문제 해결에 대한 전략이 다양할수록 문제를 잘 해결할 수 있습니다. 마치 전쟁에서 여러 무기를 가진 사람이 승리하듯 말이죠.

여러분은 수학 문제를 해결할 때 우선 공식을 떠올리거나 식을 세우려고 할 것입니다. 공식이나 식을 세울 수 있다면 어떤 문제라도 풀 수 있습니다. 그러나 안타까운 것은 식을 세우기가 어렵다는 것입니다.

식을 세울 수 없으면 문제를 해결할 수 없을까요?

그렇지 않습니다. 식을 세우지 못하여도 문제를 얼마든지 해결할 수 있습니다. 이 책은 그 방법을 알려 주고 있습니다.

문제를 해결하는 다양한 전략을 익혀서 문제에 따라 적절하게 활용한다면 여러분의 문제 해결 능력은 한층 더 향상될 것입니다. 수학자들도 처음에는 이런 전략을 사용하여 문제를 해결하면서 수학을 발전시킨 것입니다. 그런 면에서 여러분도 수학자처럼 생각하고 활동한다면 훌륭한 수학자가 될 수 있습니다.

여러분, 문제를 해결할 때 중요한 것은 생각하는 힘입니다. 문제를 한번 읽고 해결할 수 없다고 포기하지 말고, 끈기 있게 이리저리 생각한다면 어떤 문제라도 해결할 수 있습니다. 이제부터 여러분은 끈기 있게 생각하는 습관을 들여야 합니다.

수학은 일상생활에서 부닥치는 문제를 해결하는 과정에서 만들어졌습니다. 생활에서 만들어진 수학은 인류의 생각하는 힘으로 더욱 발전하여 지금은 거의 모든 학문의 기초가 되고 있습니다. 여러분은 피부로 느낄 수 없겠지만 휴

대전화, 인터넷, 금융 등 여러 분야의 밑바탕에는 수학이 있으며, 그 수학은 문제 해결의 결과입니다.

이 책을 통하여 여러분도 문제 해결 능력을 길러 수학 교과서에 있는 문제는 물론 일상생활에서 일어나는 복잡한 문제도 명쾌하고 슬기롭게 해결하여 봅시다.

신준식

쿡
식 세우기
전략
콰-앙
크억!

차례

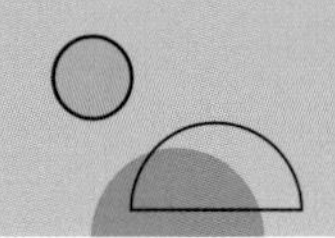

1 이 책은 달라요

《폴리아가 들려주는 문제 해결 전략 이야기》는 헝가리의 수학자 폴리아가 문제 해결 방법에 대해 자세하게 들려주는 책입니다.

교과서에서는 식을 세워 문제를 해결하라고 말합니다. 결국 식을 세우지 못하는 학생들은 이에 좌절하여 문제를 해결하지 못할 뿐만 아니라 수학을 포기하게 됩니다. 그러나 폴리아는 식을 세우지 않고도 문제를 해결하는 방법을 제시하였습니다.

이 책은 문제를 해결할 때 사용하는 여러 전략을 예를 들어가면서 쉽게 설명하였습니다. 고등학생, 중학생이 식을 세우지 못하여 해결하지 못하는 문제도 식을 세우지 않고 쉽게 해결하는 방법을 자세하게 설명하였습니다.

이 책에 제시된 문제 해결 전략을 익혀서 자유롭게 사용할 수 있다면 여러분의 문제 해결 능력은 비약적으로 발전할 것입니다.

2 이런 점이 좋아요

① 여러 문제 해결 전략을 자세하게 설명하면서 적절한 문제의 예를 제시하였습니다. 같은 문제라도 다른 전략을 사용하여 해결할 수 있다는 것을 보여 줌으로써 효과적인 전략을 선택할 수 있도록 하였습니다.

② 식을 세우지 않고도 중고등학교의 문제를 해결할 수 있는 방법을 제시하여 수학적으로 사고하는 힘과 사고의 유연성이 중요하다는 것을 깨닫게 하였습니다.

③ 교과서에 제시되지 않은 새로운 문제에 부딪혔을 때에도 당황하지 않고 해결하는 힘을 기르는 데 초점을 맞추었습니다.

3 교과 연계표

학년	단원(영역)	관련된 수업 주제 (관련된 교과 내용 또는 소단원명)
초등	변화와 관계	규칙을 수나 식으로 나타내기, 등호와 동치 관계 이용
	수와 연산	자연수의 혼합 계산, 분수와 소수의 혼합 계산
	자료와 가능성	자료를 분류하여 ○, X를 이용한 표 만들기
	도형과 측정	다각형, 사각형

4 수업 소개

1교시 어떻게 문제를 풀어야 할까?

• 학습 방법 : 문제를 해결하기 위한 절차를 알아보는 시간입니다. 문제를 해결할 때, 먼저 해야 할 일과 나중에 해야 할 일을 순서대로 늘어놓았습니다. 문제를 풀 때마다 단계별로 생각하는 습관을 들여야 합니다.

2교시 그림 그리기

• 학습 방법 : 문제를 그림으로 나타내어 해결 방법이 무엇인지를 탐색하는 시간입니다. 그림은 우리의 생각을 눈으로 볼 수 있도록 도와줍니다. 문제를 그림으로 나타내면 머릿속에서만 맴돌던 생각이 어느 정도 정리되어 눈으로 확인할 수 있습니다.

다시 말해 그림 속에서 문제 해결의 실마리를 찾을 수 있습니다. 특히, 중학교의 기하 영역 문제를 그림으로 적절하게 나타내기만 한다면 문제를 쉽게 해결할 수 있습니다.

3교시 예상과 확인하기

• **학습 방법** : 문제는 이해하였으나 어떻게 접근해야 하는지를 모를 때 사용하는 전략입니다. 답을 예상한 다음 그 답을 문제에 적용시켜 예상한 답이 맞았는지 틀렸는지를 확인합니다. 예상한 답이 틀렸으면 답을 크게 또는 작게 예상하여 확인합니다. 답을 예상하고 확인하는 과정에서 문제에 접근하는 방법이 떠오릅니다.

아무 생각 없이 이 수 저 수를 예상하고 확인하는 것은 예상과 확인하기 전략이 아닙니다.

4교시 규칙 찾기

• **학습 방법** : 수학뿐만 아니라 일상생활에서도 규칙을 찾는 일은 매우 중요합니다. 아주 복잡하게 변하는 것 같지만 예리한 눈으로 관찰하면 그 속에 어떤 규칙이 있음을 알아낼 수 있습니다.

여러분의 예리한 눈으로 주위를 둘러보고, 어떤 공통점이나 규칙이 있는지 살펴보세요. 규칙을 찾는 능력을 기르면 수학을 잘할 수 있습니다. 유명한 수학자들은 규칙 찾는 일에 남다른 능력을 갖췄습니다.

5교시 표 만들기

• 학습 방법 : 문제에는 많은 정보가 글로 표현되어 있습니다. 문제를 읽으면서 제시된 정보가 무엇인지, 정보 사이에 어떤 관계가 있는지 등 문제의 내용을 파악하기 어려울 때가 있습니다. 하지만 문제의 내용을 표로 정리하면 그 내용을 쉽게 파악할 수 있습니다.

문제의 내용을 표로 나타낸 다음에는 정보 사이에 어떤 관계가 있는지, 어떤 규칙이 있는지를 파악하는 데 초점을 맞추어야 합니다. 규칙이 있다면 규칙 찾기 전략을 사용할 수 있으며, 정보 사이의 관계를 알아보기 위해 그림을 그리거나 다른 전략을 사용하기도 합니다. 이처럼 표 만들기 전략은 주로 다른 전략과 함께 사용합니다.

6교시 간단히 하여 풀기

• 학습 방법 : 문제가 아주 복잡하거나 문제의 규모가 커서 선뜻 해결 방법이 떠오르지 않을 때가 있습니다. 이럴 때에는 문제에 제시된 숫자를 아주 간단한 숫자로 바꾸거나 작은 문제로 바꾸어서 생각해 보면 됩니다. 뜻밖에 해결 방법이 쉽게 떠오를 수 있습니다.

일상생활에서 아주 복잡한 문제가 발생하여 골치가 아플 때가 있을 것입니다. 이럴 때에도 문제를 간단하게 만들어 해결할 수 있습니다.

7교시 거꾸로 풀기

• **학습 방법** : 누군가 쓰레기를 함부로 버렸습니다. 버린 사람을 찾으려면 CCTV를 거꾸로 돌립니다. 그러면 시간을 거꾸로 돌리는 것처럼 현재부터 과거로 화면이 돌아갑니다. 이렇게 하면 곧 누가 쓰레기를 버렸는지 알 수 있습니다. 이런 문제 해결 방법을 거꾸로 풀기 전략이라고 합니다.

8교시 식 세우기

• **학습 방법** : 문제에 나타난 정보들 사이의 관계를 식으로 나타내는 방법을 학습하게 됩니다. 식 세우기는 어렵지만 매우 우수한 전략입니다. 여기에서는 어떻게 하면 식을 잘 세울 수 있는지 알아봅니다.

9교시 기타 전략

• **학습 방법** : 이 시간에 학습할 문제 해결 전략은 자주 이용되지 않지만 매우 효과적인 전략입니다.

한 문제를 해결하는 데는 한 가지 전략만 사용하는 것이 아니라 여러 전략을 함께 사용합니다. 그래야만 문제 해결력을 높일 수 있기 때문입니다. 따라서 여러분은 다양한 전략을 자유자재로 사용할 수 있도록 노력해야 합니다.

폴리아를 소개합니다

George Pólya(1887~1985)

나는 헝가리 부다페스트에서 태어났답니다. 대학에서 법학을 공부했지만 지루함을 깨닫고, 언어학과 문학을 공부했습니다. 철학을 이해하려고 수학을 공부하게 됐답니다.

1912년 부다페스트 대학 수학과에서 박사 학위까지 받았지요. 문제 해결의 단계를 4단계로 보았고요, 발견술Heuristic을 20세기에 부흥시켰답니다. 이 밖에도 정수론, 조합론, 확률 분야를 연구했어요. 문제를 해결하는 일반적인 방법을 특성화했고, 문제 해결을 어떻게 가르치고 학습하는지를 연구했답니다.

이러한 주제로《어떻게 문제를 풀 것인가?How to Solve It?》를 썼지요.

나는 여기서 유명한 말을 남겼어요.

'어떤 문제를 풀 수 없다면 풀 수 있는 쉬운 문제를 찾아라.'

여러분, 나는 폴리아입니다

나는 1887년 헝가리의 부다페스트에서 5남매 중 넷째로 태어나 그곳에서 성장하였습니다. 맏형은 의학을 공부하였고, 두 명의 누나들은 보험 회사에 다니면서 가족의 생계를 이었습니다. 동생은 수학에 뛰어난 능력을 나타내었으나 제1차 세계 대전으로 죽었지요.

학생 시절에 나는 생물과 문학을 좋아하였으며, 나중에는 지리와 여러 교과에서도 우수한 성적을 나타내었답니다. 수학의 각 분야에서 뛰어난 업적을 남긴 사람 중에서 학생 시절에 수학을 좋아하지 않은 사람은 아마도 나밖에 없을 거예요. 나는 학생 시절에 수학을 그다지 좋아하지 않았으며 성적도 그저 보통이었어요. 수학 선생님의 가르치는 방법 때문에 수학에 흥미를 느끼지 못했거든요.

1905년에 의사가 된 형이 학비를 지원해 주어서 부다페스트 대학에 입학하여 법률을 공부하였지만 한 학기 만에 그만두었답니다. 학생 시절부터 좋아하였던 언어와 문학을 2년 동안 공부하여 라틴어와 헝가리어를 가르칠 수 있는 자격증까지 땄지요. 그러나 한 번도 이를 자랑하지 않았고 활용하지도 않았습니다. 그 후, 철학에 관심을 두게 되었고 지도 교수의 권고로 물리와 수학을 공부하였습니다. 결국 나는 수학에 많은 업적을 남기게 되었지요.

나는 부다페스트 대학에서 물리와 수학을 가르쳤습니다. 헝가리의 수학자 페예르에 많은 영향을 받았고, 그와 함께 공동 연구도 하였답니다. 1910년부터 1년 동안 빈 대학에서 연구하였고, 부다페스트 대학에 돌아와 기하적 확률 이론에 관한 논문으로 박사 학위를 받았습니다.

1912~1913년에 괴팅겐 대학에서 당시 유명한 수학자 클라인, 힐베르트, 쿠란트 등과 어울리면서 학문적인 교류를 하였습니다. 그 뒤로 스위스의 취리히 대학에서 연구 교수로 있으면서 베

버 박사와 함께 연구하였고, 1940년부터 스탠퍼드 대학에 연구 교수로 있었습니다.

나는 급수, 수론, 해석학, 기하학, 대수학, 조합, 확률 등 수학의 다양한 분야를 많이 연구하였습니다. 문제를 해결하려는 방법과 문제 해결을 가르치고 배우는 방법에 대해 괄목할 만한 업적을 남겼지요. 이와 관련된 책으로《어떻게 문제를 풀 것인가?》,《문제 해결을 이해하고 배우고 가르치기》,《수학과 추론 I-귀납과 유추》,《수학과 추론II-패턴과 추론》이 있답니다.

특히《어떻게 문제를 풀 것인가?》에서 모든 종류의 문제를 해결하는 데 필요한 일반적인 방법을 제시하였는데, 첫해에만 100만 권 이상 팔렸답니다.

쉔펠트는 이 책이 "수학 교육과 문제 해결에 있어 '폴리아 이전'과 '폴리아 이후'로 시기를 구분 짓는 선을 그었다."라고 하면서 그 가치를 높이 평가하였습니다. 그래서일까요? 아직도 수학 교육에서 나 폴리아의 문제 해결은 매우 중요한 자리를 차지하고 있습니다.

1969년에는 내 이름을 딴 폴리아상賞이 제정되어 2년마다 두 분야조합론 분야, 수론과 확률·수학적 발견과 학습 등 폴리아와 관련된 분야에서 뛰어난 업적을 남긴 사람에게 수여한답니다.

어때요? 나에 대한 궁금증이 풀렸나요? 자, 그럼 수업을 시작해 볼까요?

막상 수학을 공부해 보니 너무 재밌잖아!
이제야 수학의 재미를 알게 되다니…….

나는 수학을 열심히 공부했답니다. 결국 수학 교수가 되었고 미국으로 건너갔습니다.
기이이잉-

나는 미국 체질인가 봐. 미국 생활이 가장 편해.

맘 편한 미국에서 문제를 해결하기 위한 방법과 문제 해결에 관한 책을 쓰자.

내가 쓴 책은 첫해에만 100만 권 이상 팔렸답니다.
SHOP
폴리아 교수가 지은 수학책은 정말 대단해.
'어떻게 문제를 풀 것인가?'를 고민하고 있다면 폴리아 교수님 책을 읽어야지.

이 책은 수학 교육과 문제 해결을 '폴리아 이전'과 '폴리아 이후'의 시기로 구분 짓는 선을 그었습니다.
수학자 쉔펠트

1969년엔 내 이름을 딴 폴리아상까지 제정되었답니다.

어린 시절에는 나도 여러분처럼 수학을 별로 좋아하지 않았어요.

하지만 수학의 참맛을 알고 난 후 수학의 재미에 푹 빠져들었죠.

나와 함께 수학의 재미 속으로 빠져 봅시다.

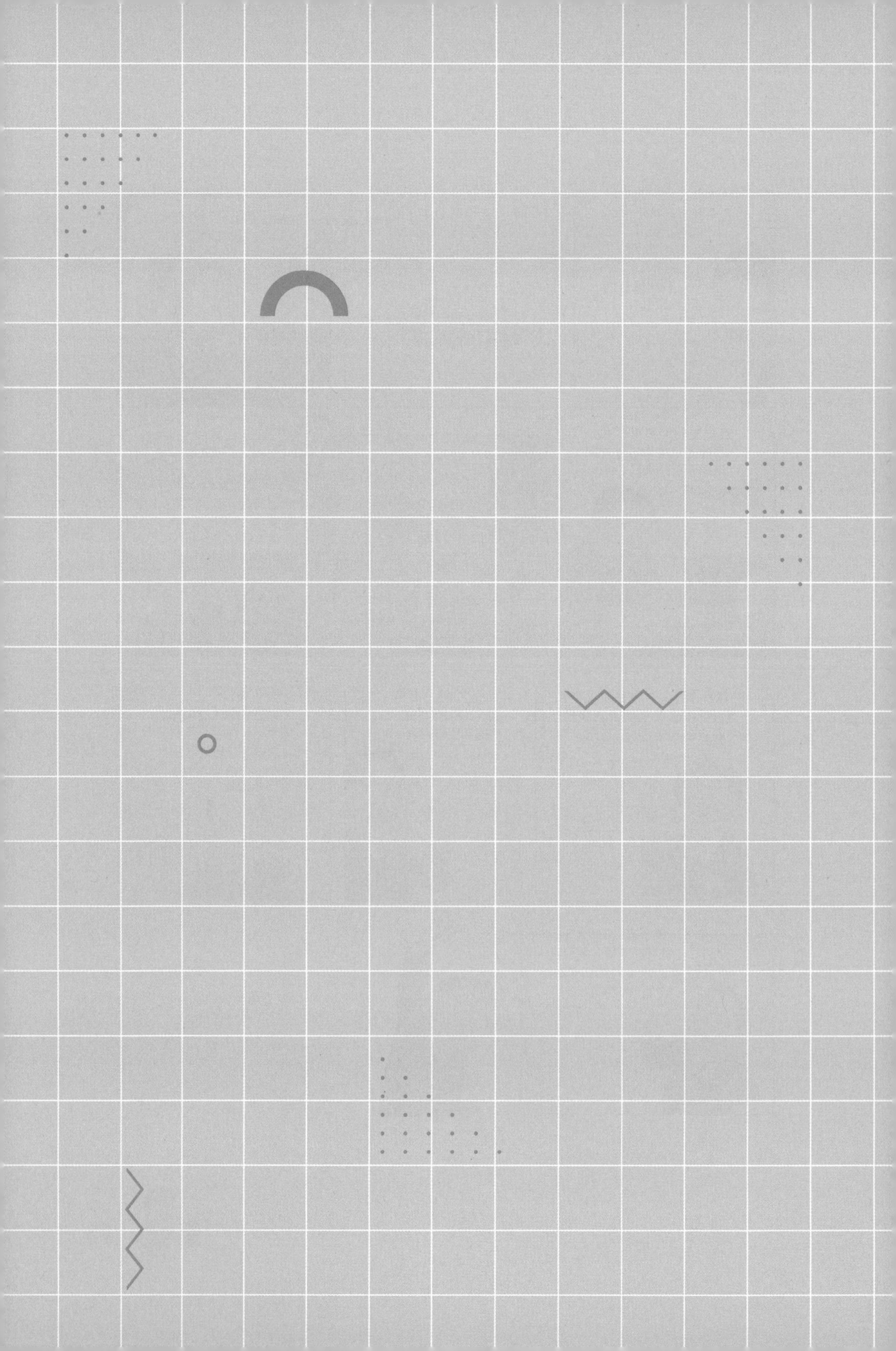

1교시

어떻게 문제를 풀어야 할까?

문제 해결에 대해 알아봅니다.

수업 목표

1. 문제란 무엇인지 알 수 있습니다.
2. 문제 해결 전략을 알 수 있습니다.
3. 문제 해결의 단계를 알 수 있습니다.

미리 알면 좋아요

1. **문제** 해결 방법이 뚜렷하지 않지만 여러 가지로 생각하면 해결할 수 있는 약간 어려운 문제를 뜻합니다.

2. **문제 해결** 전략 문제를 해결할 때 사용하는 방법을 말합니다.

3. **문제 해결 단계** 문제를 읽고 이해하기문제의 이해, 해결 전략 세우기계획 수립, 실행하기계획 실행, 반성하기반성의 4단계를 말합니다.

폴리아의 첫 번째 수업

나는 폴리아입니다. 헝가리에서 태어났지요. 문제 해결에 관심이 많아서 그 부문을 두고 많은 연구를 하였습니다. 그래서 《어떻게 문제를 풀 것인가?》라는 책도 펴냈습니다. 아마 전 세계적으로 베스트셀러일걸요?

여러분, 수학 문제 풀기가 매우 어렵지요? 그런데 나만 수학이 어려울까요? 그렇지 않습니다. 누구에게나 수학은 어려워요. '수학에는 왕도가 없다.'라는 말이 지금까지 전해 오는 것을 보면 수학은 옛날부터 어려웠나 봐요.

그런데 여러분 중에는 수학을 잘하는 친구가 있지요? 매우 부럽기도 하고, 한편으로는 자신이 매우 부족하다고 느낄 것입니다. 그러나 지금부터는 그런 생각 하지 말고 내 설명을 잘 듣고 꼭 실천해 보세요. 여러분의 친구처럼 수학을 잘할 수 있을 테니까요. 단, 꾸준히 노력해야 한다는 것, 잊지 마세요.

자, 그럼 이야기를 시작해 볼까요?

먼저, 문제에 대하여 알아봅시다. 여러분, $2+4$는 얼마인가요? 주저하지 않고 6이라고 대답할 것입니다. 너무 쉽지요? 이런 문제를 보면 여러분은 마음속으로 '문제없어!'라고 외칠 것입니다. 그러면 '함수 $f(x)=x^2+3x+5$의 $x=3$에서 미분계수를 구하시오.'라는 문제는 어떻습니까? 무슨 말인지도 모를 뿐만 아니라 문제를 해결해 보겠다는 마음도 전혀 생기지 않지요? 이런 것도 문제가 아닙니다. 물론 고등학생은 다르겠지만.

따라서 문제란 해결하려는 마음이 있는 문제, 그러나 금방 해결 방법이 떠오르지 않은 문제를 의미합니다. 이런 문제를 만나면 여러분은 마음속에서 '그것참, 문제네. 어떻게 하지?'라는 말을 하게 될 것입니다.

문제의 뜻을 알았으니 이제부터는 문제 해결 전략에 대해 알아봅시다.

군인이 전쟁터에서 싸움하려면 무엇이 필요할까요? 그렇죠. 무기가 있어야겠지요. 무기도 한 가지가 아니라 여러 무기가 있으면 좋겠지요. 무기가 여러 가지 있으면 아무래도 그때그때 필요한 무기를 사용할 수 있으니까요. 우리나라 군인은 어떤 무기를 가지고 다닐까요? 기본적으로 소총을 가지고 있고, 소총으로 싸울 수 없는 경우를 대비하여 대검을 가지고 다닙니다. 또 수류탄도 가지고 다니지요. 그것뿐입니까? 화생방전을 대비하여 방독면도 가지고 다닙니다. 무기가 전혀 없이 싸울 때를 대비하여 평소에도 태권도를 배우고 익힙니다. 전쟁에서 꼭 이기기 위해서 이런 무기를 다루는 훈련을 많이 합니다.

자, 이제 수학으로 다시 돌아옵시다. 수학 문제를 잘 풀려면 무엇이 있어야 할까요? 그렇지요. 전쟁에서 무기가 필요하듯 수학 문제를 잘 해결하려면 전략이 있어야 합니다. 전략이 한 가지만 있다면 어떨까요? 다양한 문제를 풀기 어렵겠지요. 어떤 문제가 나타날는지 모르기 때문에 여러 전략을 마련하고 있어야 해요. 여러 전략을 자유자재로 쓸 수 있도록 평소에 연습을 많이 해야 한답니다.

수학을 잘하는 친구를 보면 많은 전략을 가지고 있는 것을 알 수 있어요. 진짜 수학을 잘하는 친구는 어떤 전략을 쓰고 있을까요? 전쟁에서 가장 강력한 무기로는 핵무기가 있습니다. 수학을 잘하는 친구는 핵무기에 해당되는 전략, 즉 식 세우기 전략을 마련하고 있고, 이 전략을 능수능란하게 사용하지요.

자, 그럼 우리도 문제 해결 전략을 하나씩 배워 볼까요? 잠깐, 욕심부리지 말고 천천히, 그리고 꾸준히 배우고 익혀야 합니다. '로마는 하루아침에 이루어지지 않았다.'는 유명한 말이 있지요. 또, 그렇게 배워야 공든 탑이 무너지지 않지요.

전략을 배우기 전에 문제를 푸는 단계를 먼저 알아봅시다. 어떤 일이든지 항상 순서가 있기 마련이니까요. 그러면 문제를 풀기 전에 무엇을 해야 할까요? 예를 들어 친구들과 놀러 간다고 생각해 봅시다. 가장 먼저 무엇을 해야 하나요? 그렇지요. 어디로 갈까, 어떻게 갈까, 무엇을 가지고 갈까 등을 생각해야겠지요.

문제를 무조건 풀려고만 덤비는 것은 놀러 가겠다고 무조건 버스에 타는 것과 같습니다. 문제를 풀려면 가장 먼저 해야 할 일이 문제를 이해문제의 이해하는 것입니다. 문제를 이해하려면 문제를 읽고 무엇을 묻고 있는가, 무엇을 구하는 것인가, 문제에서 주어진 정보, 사실, 단서힌트가 무엇인지를 알아야 합니다.

어떤 문제이든 모든 문제에는 문제를 풀 수 있는 정보, 즉 단서가 있습니다. 이것이 부족하면 문제를 풀 수 없는 게 당연하지요. 형사가 범인이 남긴 단 하나의 흔적을 가지고 추리하여 범인을 잡아내듯이 수학 문제에도 단서가 있습니다. 우리는 그런 단서를 이용하여 문제를 해결하는 것입니다. 그러나 필요 없는 정보를 일부러 주는 때도 있습니다. 이것은 혼동을 주기 위해서입니다. 마치 범인이 자신의 범행을 감추기 위하여 일부러 다른 사람의 물건을 가져다 놓거나 위장하는 것처럼 말이에요.

자, 문제를 이해했으면 '어떻게 문제를 풀어야 할까?' 하고 계획을 세워야겠지요계획 수립. 그렇다면 계획을 세울 때 필요한 것이 무엇일까요? 과거에 이와 비슷한 문제를 풀어 본 적이 있다면 어떻게 하겠습니까? 그때 이용했던 풀이 방법을 이용하면 되겠지요. 이런 문제가 나오면 마음부터 가볍습니다. 자신이 생길 거예요. 곧 문제를 쓱쓱 풀 것입니다. 그래서 여러분은 많은 문제를 풀어 보는지도 모릅니다. 시험 볼 때 풀어 본 문제만 나온다면 100점 맞기는 쉽겠지요?

계획을 세울 때 필요한 것이 앞에서 말한 전략입니다. 우리는 미리미리 여러 전략을 마련하고 있어야 합니다. 우리 앞에 어떤 문제가 나올지 모르기 때문에 그때그때 필요한 전략이 있어야 할 것입니다.

문제 해결 계획을 수립하였으면 그다음에는 무엇을 해야 할까요? 다들 잘 알고 있군요. 네, 그렇습니다. 문제 해결 계획을 실행하는 것이지요계획 실행.

"문제를 풀다가 풀리지 않으면 어떻게 하나요?"

다른 전략을 써야겠지요.

"이런저런 전략을 다 써도 풀리지 않으면 어떻게 하나요?"

"에이, 포기", "아, 난 어쩔 수 없어." 하는 학생이 있다면 그 학생은 결코 수학을 잘할 수 없을 것입니다. 또 다른 일에서도 성공하지 못할 것입니다. 쉽게 포기해서는 성공할 수 없습니다. 앞에서 말했지요? '꾸준히 그리고 천천히', '로마는 하루아침에 이루어지지 않았다'. 명심하세요. 이래저래 풀어도 안 되면 문제를 다시 읽어 보고, 내가 문제를 제대로 이해했는지 점검해 보아야 합니다.

이제 겨우 문제를 해결하였습니다. 이제 모든 것이 끝났을까요? 아니지요. 답이 타당한지, 계산 과정은 틀림없었는지 검토해야 합니다반성. 산에 올라가는 데만 열중하다 보면 엉뚱한 길로 빠지는 경우가 많이 있습니다. 그래서 내가 걷는 길이 올바른가를 수시로 점검해야 합니다.

문제를 다 풀었으면 구한 답이 문제에서 요구한 답인지, 계산 과정은 맞았는지, 더 좋은 해결 방법은 없는지 검토해야 합니다. 내가 욕심을 부려 비슷한 문제를 여러분이 만들어 풀어 보게 하면 좋겠는데……. 여러분, 내가 시키지 않아도 스스로 할 수 있겠지요? 비슷한 문제를 만들 수 있다는 것만으로도 대단한 일이고, 수학을 잘하는 첫걸음이라고 말할 수 있습니다.

뭐야…….
이 전략 저 전략을
다 사용해도 문제가
풀리지 않아.

으하하~
내가 그렇게
쉽게 풀릴 줄
알았어?
화들짝

절대 포기 안 해!
다시 도전.
틱

으헉~
끈질긴 강적이다.
하지만 어림없을걸?
전략

드디어 문제를
해결했어!
음, 아직 기뻐하긴 일러.

답이 맞을까?
계산 과정도
바른 걸까?

수학 문제를 풀 때, 앞뒤 재지 않고 무조건 덤비지만 말고, 앞서 이야기한 대로 문제 해결 4단계를 차례차례 거치면서 문제를 풀어 보세요. 여러분, 문제 해결 4단계가 몸에 배어 있어야 합니다. 그러려면 평소에도 꾸준히 연습해야겠지요?

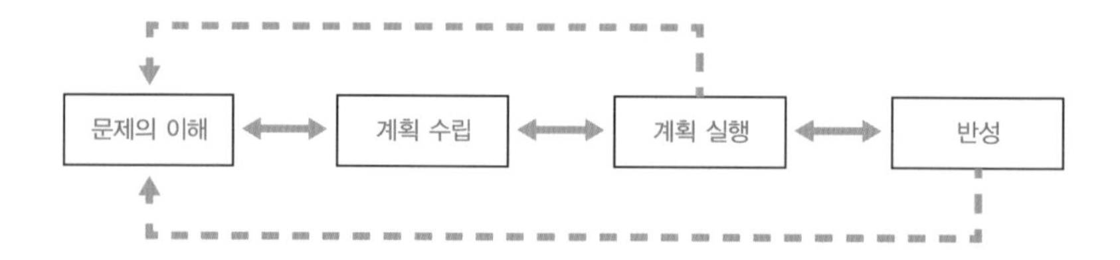

여러분, 교과서에 나와 있는 문제는 다 풀 수 있나요? 교과서에 나와 있는 문제를 우리는 정형 문제라고 합니다. 이런 정형 문제는 누구나 잘 풀 수 있답니다. 하지만 교과서에 나와 있지 않은 문제, 처음 보는 문제를 보면 당황하고 결국 풀지 못하는 경우가 많이 있을 것입니다. 이런 문제에 부닥쳤을 때 바로, 문제 해결 4단계가 필요합니다.

문제 해결 4단계를 익혀서 문제 해결의 왕이 되어 봅시다.

수업 정리

❶ 문제를 해결할 때에는 다음 4단계를 거쳐야 합니다.

문제의 이해 → 계획 수립 → 계획 실행 → 반성

❷ 각 단계에서 해야 할 일은 다음과 같습니다.

① 문제의 이해 : 무엇을 묻고 있는가? 문제 해결에 필요한 정보는 무엇인가?

② 계획 수립 : 어떤 전략을 선택해야 하는지 생각합니다.

③ 계획 실행 : 계획했던 전략으로 문제를 해결합니다. 해결할 수 없으면 다른 전략을 선택하여 해결합니다.

④ 반성 : 해결 과정은 틀림없는지 점검합니다. 구한 답이 타당한지 검토합니다. 다른 방법으로 해결하여 봅니다.

❸ 문제 해결 전략은 매우 다양합니다. 문제에 따라 적절한 전략을 선택하여 효과적으로 사용할 수 있어야 합니다.

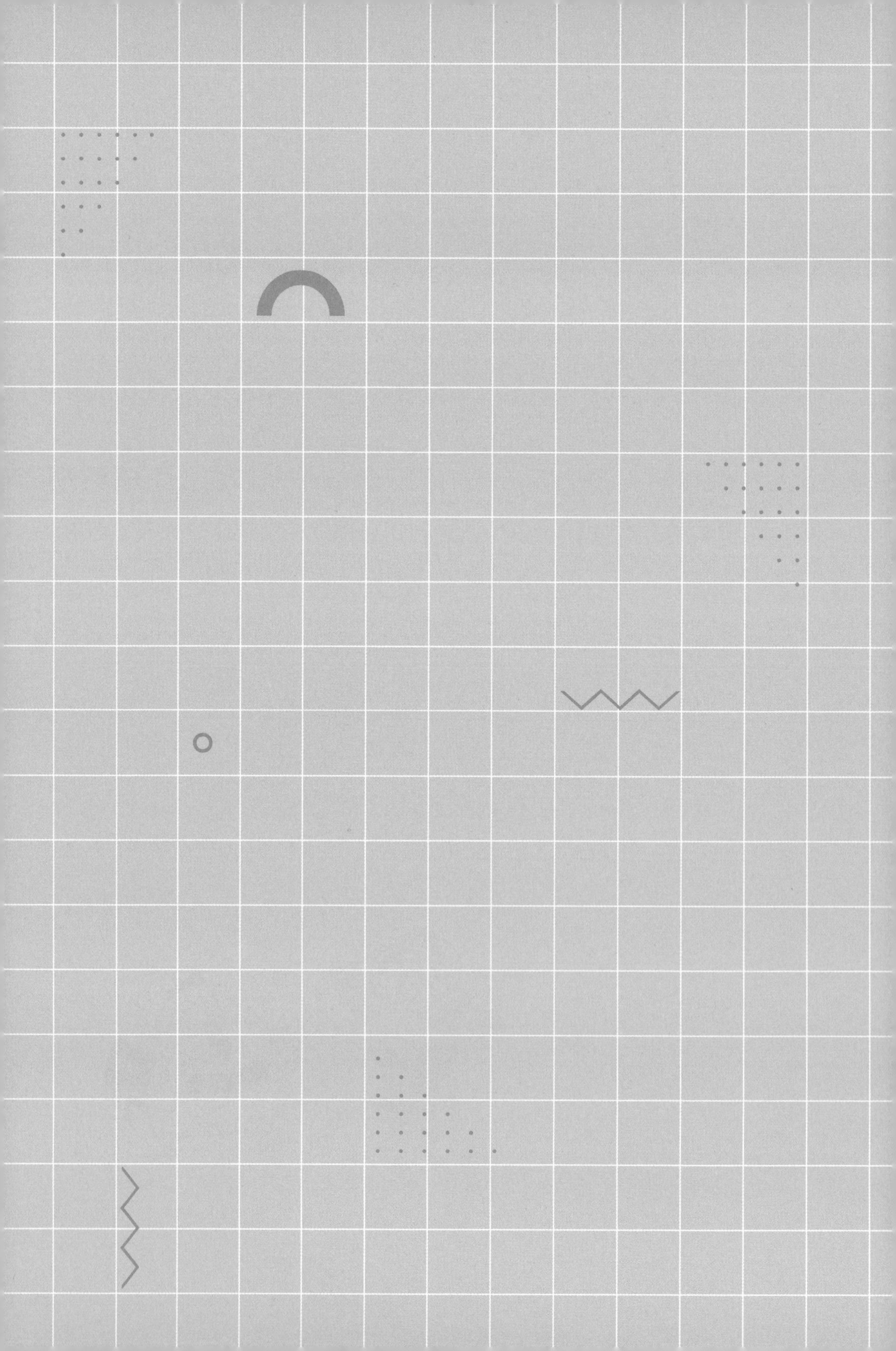

2교시

그림 그리기

문제를 그림으로 나타내어 해결합니다.

수업 목표

1. 문제를 그림으로 나타낼 수 있습니다.
2. 그림에서 문제 해결의 실마리를 구할 수 있습니다.

미리 알면 좋아요

문제를 그림으로 나타낼 때 자주 사용되는 그림은 오른쪽과 같습니다.

벤 다이어그램 집합을 나타낼 때 편리합니다.

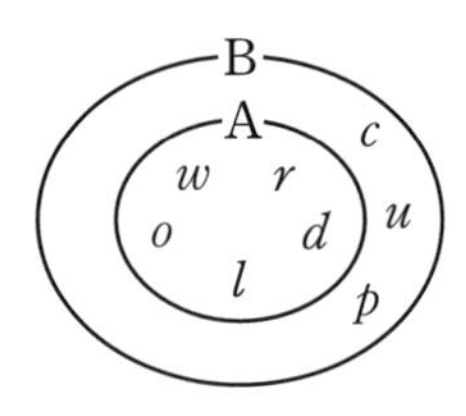

수직선 수의 위치나 관계 등을 나타낼 때 자주 사용합니다. 수학에서 가장 많이 사용하는 그림입니다.

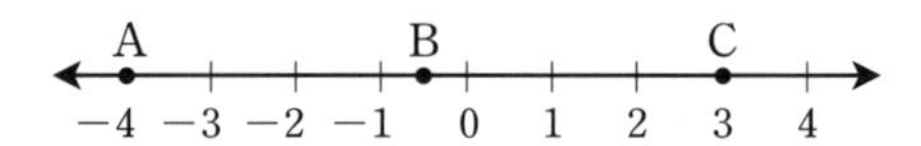

직사각형, 원 등의 도형 문제를 설명하거나 문제에 나타난 정보들 사이의 관계를 나타낼 때 편리합니다.

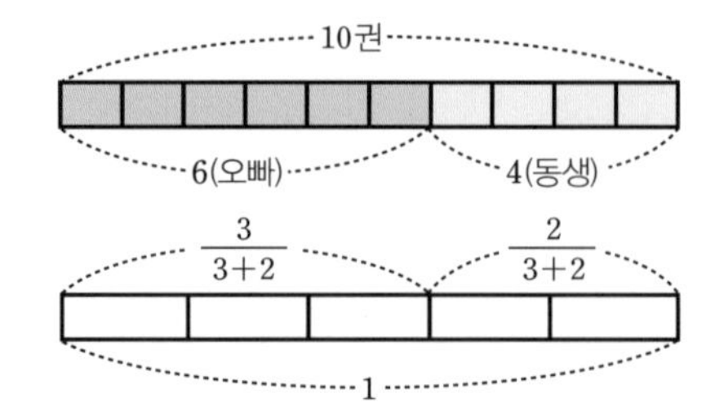

기타 일반적인 그림 문제를 설명할 때 사용됩니다.

폴리아의 두 번째 수업

자, 이제부터 문제 해결 전략에 대해 설명해 주겠어요. 문제 해결 전략이란 전쟁에서 무기와 같다고 하였습니다. 무기 종류가 여러 가지듯이 문제 해결 전략도 여러 가지입니다. 또 상황에 따라 적절한 무기를 사용해야 하듯 문제를 해결할 때도 문제에 따라 적절한 전략을 사용해야 합니다.

여러 전략 중에서 이번 시간에는 그림 그리기 전략에 대해 공부하여 봅시다.

그림 그리기 전략은 문제를 그림으로 나타내어 그림 속에서 문제를 해결하는 방법을 생각하는 전략입니다. 이 전략은 문제를 읽었는데도 무슨 문제인지, 도대체 어떻게 해결해야 하는지 도저히 방법이 떠오르지 않을 때 사용하면 효과적입니다.

수학 교과서에 그림이 그려져 있는 것을 보았을 것입니다. 문제를 그냥 읽기보다는 그림을 보면서 읽을 때 문제 파악이 잘된 경험이 있을 겁니다. 그것이 그림을 그리는 목적이고, 그림 그리기 전략의 효과입니다.

그럼 교과서에 실린 그림들을 살펴볼까요?

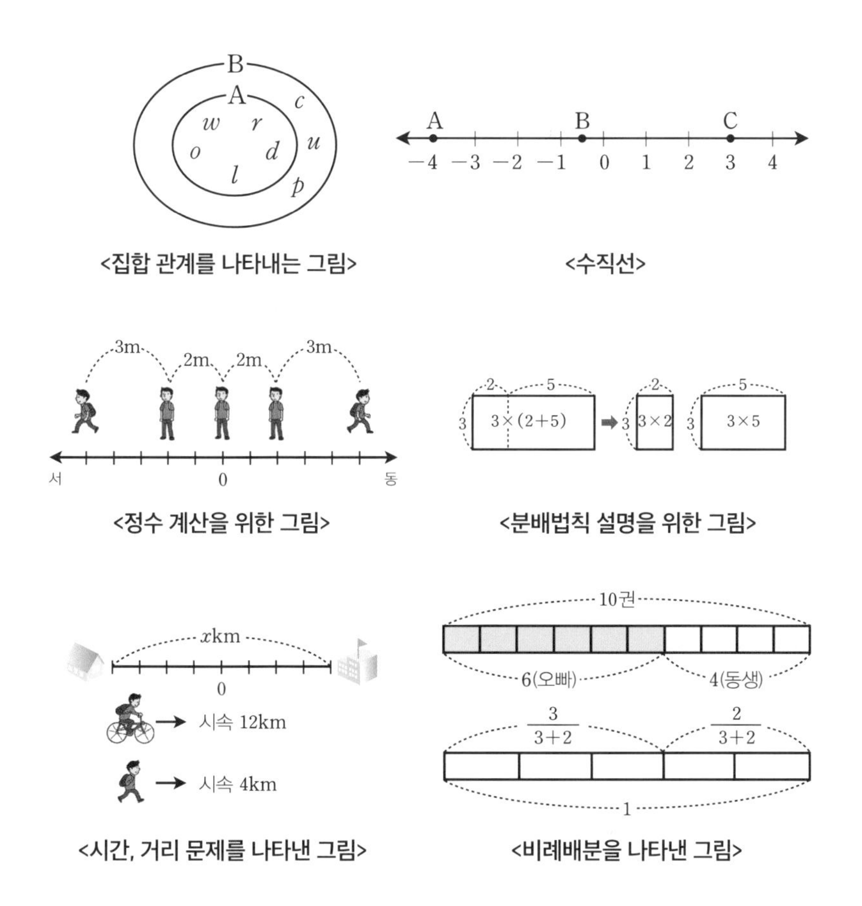

<집합 관계를 나타내는 그림>

<수직선>

<정수 계산을 위한 그림>

<분배법칙 설명을 위한 그림>

<시간, 거리 문제를 나타낸 그림>

<비례배분을 나타낸 그림>

문제를 그림으로 나타내면 문제의 뜻을 쉽게 이해할 수 있고, 어떻게 풀면 될지 생각이 떠오르게 됩니다.

그럼 실제로 문제를 그림으로 나타내어 볼까요?

쏙쏙 문제 풀기 1

가진 돈의 $\frac{2}{5}$를 썼더니 3000원이 남았다. 처음에 가지고 있었던 돈은 얼마인가?

간단한 문제이므로 문제의 뜻은 쉽게 이해할 수 있겠지요? 그런데 막상 어떻게 풀어야 할지 잘 모르겠다고요? 당황해하지 마세요. 이럴 때 문제를 그림으로 나타내어 보세요. 아주 쉽게 문제를 해결할 수 있답니다.

① 가진 돈을 어떻게 나타낼까요?

<가진 돈>

어느 것으로 나타내어도 좋으나 $\frac{2}{5}$를 나타내려면 아무래도

직사각형이 더 좋겠지요?

② 가진 돈의 $\frac{2}{5}$를 썼다고 하였으니 전체를 5등분하고, 그중 2부분에 색칠합니다.

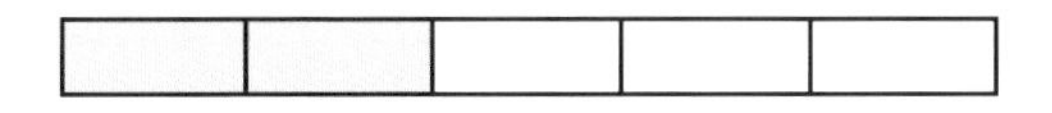

문제에서 주어진 사실을 그림에 표시하면

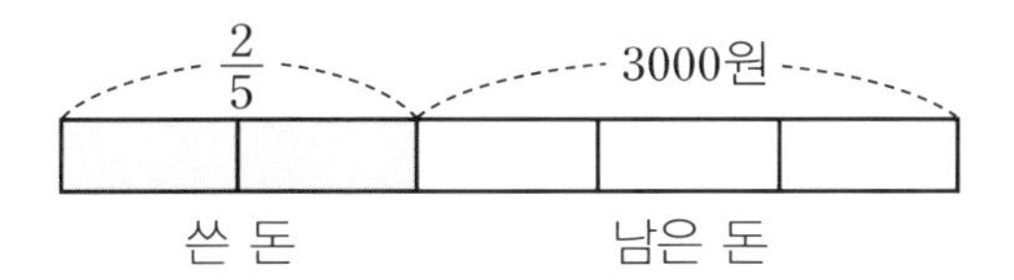

자, 이제 그림을 잘 살펴보세요. 남은 돈이 3000원인데 3칸이네요. 그럼 1칸은 얼마일까요? 그렇지요. 1000원입니다. 문제에서 무엇을 묻고 있었지요? 처음에 가진 돈인 얼마인가를 물었습니다. 그러면 처음에 가진 돈이 얼마인지 식으로 나타내지 않아도 알 수 있겠지요? 네, 그렇습니다. 처음에 가진 돈은 5000원이었습니다.

다음 문제를 풀어 봅시다.

쏙쏙 문제 풀기 2

영호는 할아버지 댁까지 가는 데 $\frac{2}{3}$는 지하철을 타고, 나머지의 $\frac{4}{5}$는 마을버스를 타고, 그 나머지 1km는 걸어갔다. 영호네 집에서 할아버지 댁까지의 거리는 얼마인가?

이번에도 문제는 이해하겠는데 어떻게 풀어야 하는지 잘 모르겠지요? 이럴 때에는 어떤 전략이 효과적이라고 했나요? 네, 그렇지요. 그림 그리기 전략이 효과적입니다.

① 영호네 집에서 할아버지 댁까지의 거리

② 전체의 $\frac{2}{3}$는 지하철을 탔다.

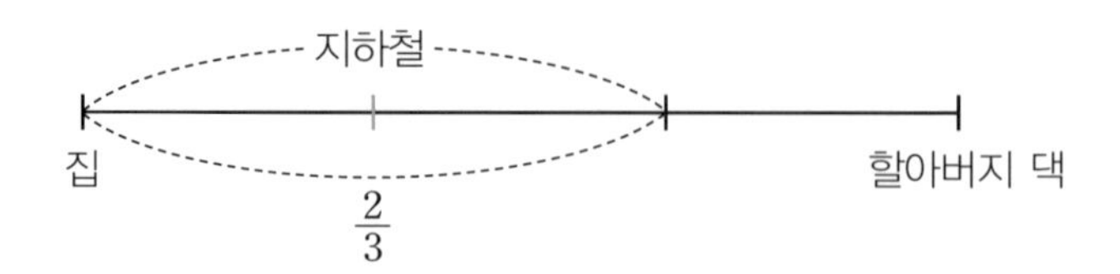

③ 나머지의 $\frac{4}{5}$는 마을버스를 탔다.

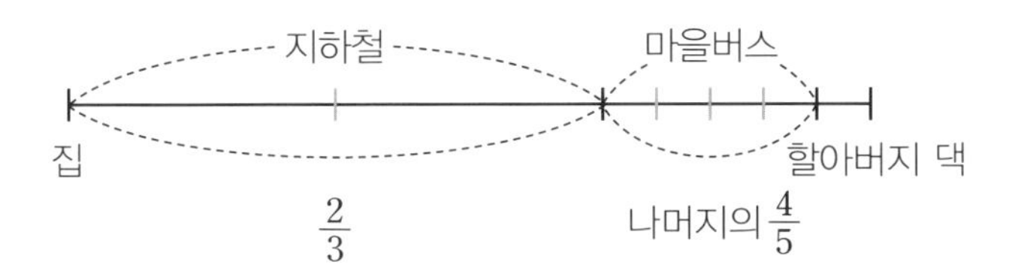

④ 남은 1km를 걸었다.

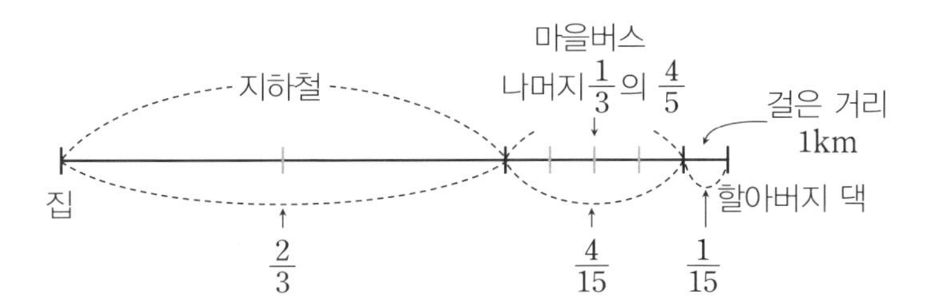

그림을 자세히 살펴보면 걸은 거리는 1km인데 이것이 전체의 얼마인지 알 수 있다면 쉽게 풀 수 있겠지요. 지하철을 타고 남은 거리는 전체의 $\frac{1}{3}$이지요. 이것의 $\frac{4}{5}$는 마을버스를 탔으므로 $\frac{1}{3}$의 $\frac{4}{5}$는 얼마인가요?

$$\frac{1}{3}\text{의 }\frac{4}{5} \Rightarrow \frac{1}{3}\times\frac{4}{5}=\frac{4}{15}$$

전체의 $\frac{4}{15}$는 마을버스를 타고 간 거리입니다. 나머지 $\frac{1}{3}$의 $\frac{1}{5}$은 걸었으므로 걸은 거리는 다음과 같습니다.

$$\frac{1}{3}\text{의 }\frac{1}{5} \Rightarrow \frac{1}{3}\times\frac{1}{5}=\frac{1}{15}$$

즉, 전체의 $\frac{1}{15}$을 걸었는데 이 거리가 1km라고 하였습니다.

아하, 이제 알겠지요? 전체 거리를 구하는 것인데 전체의 $\frac{1}{15}$이 1km랍니다. 그러면 전체 거리는 얼마인지 쉽게 구할 수 있겠지요? 네, 그렇습니다. 전체 거리는 15km입니다.

그림을 그리면 이처럼 문제를 쉽게 이해할 수 있답니다. 그러면 다음 문제를 해결하여 보세요.

쏙쏙 문제 풀기 3

두 직선 AB와 CD가 한 점 O에서 만날 때, ∠AOD가 직각이면 나머지 ∠AOC, ∠COB, ∠BOD도 직각인 이유를 설명하시오.

문제를 읽으면 이 문제가 어떤 문제인지 이해할 수 있나요? 문제를 그림으로 그려서 생각해 봅시다.

① '두 직선 AB와 CD가 한 점 O에서 만날 때'를 그림으로 나타내면

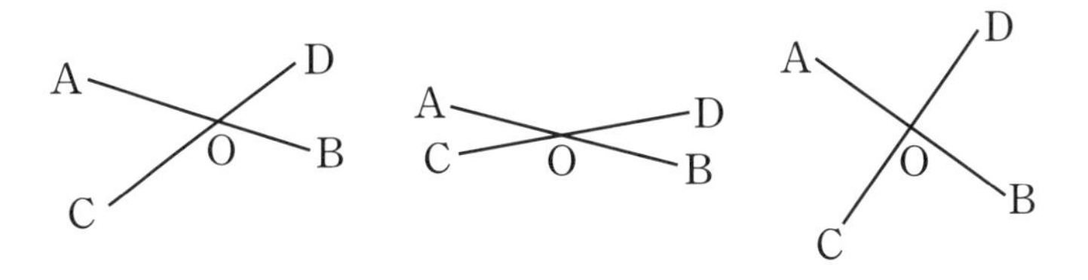

② '∠AOD가 직각'이라고 하였으므로 위의 그림 중 다음 그림이 적당하겠지요?

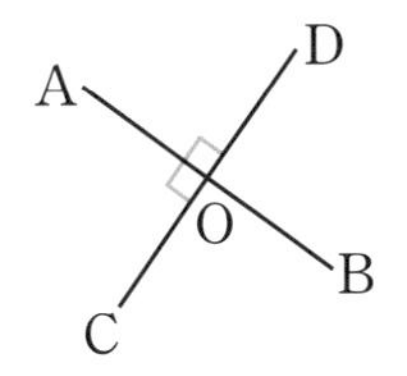

직선 CD에서 ∠AOD가 90°이므로 ∠AOC는 90°입니다. 또 직선 AB에서 ∠AOC가 90°이므로 ∠COB는 90°입니다. 같은 방법으로 ∠BOD도 90°입니다.

문제를 이처럼 그림으로 나타내니까 쉽게 이해할 수 있고, 해결하는 좋은 방법이나 아이디어가 떠오르지요? 따라서 그림 그리기 전략은 문제를 이해하기 어려울 때, 해결 방법이 떠오르지 않을 때 매우 효과적입니다. 문제를 그림으로 잘 나타내면 문제 해결의 절반은 성공이랍니다. 그럼 다음 시간에…….

수업 정리

❶ 그림 그리기 전략은 문제를 그림으로 나타내고, 그림에서 해결의 실마리를 찾는 전략입니다.

❷ 문제를 읽고 전체를 원, 띠, 수직선 등으로 나타냅니다.

❸ 문제에 나타난 정보를 그림에 표시합니다.

❹ 그림을 잘 살펴보고 문제 해결의 실마리를 찾아봅니다.

❺ 집합과 관련된 문제는 벤 다이어그램을 그리면 편리합니다.

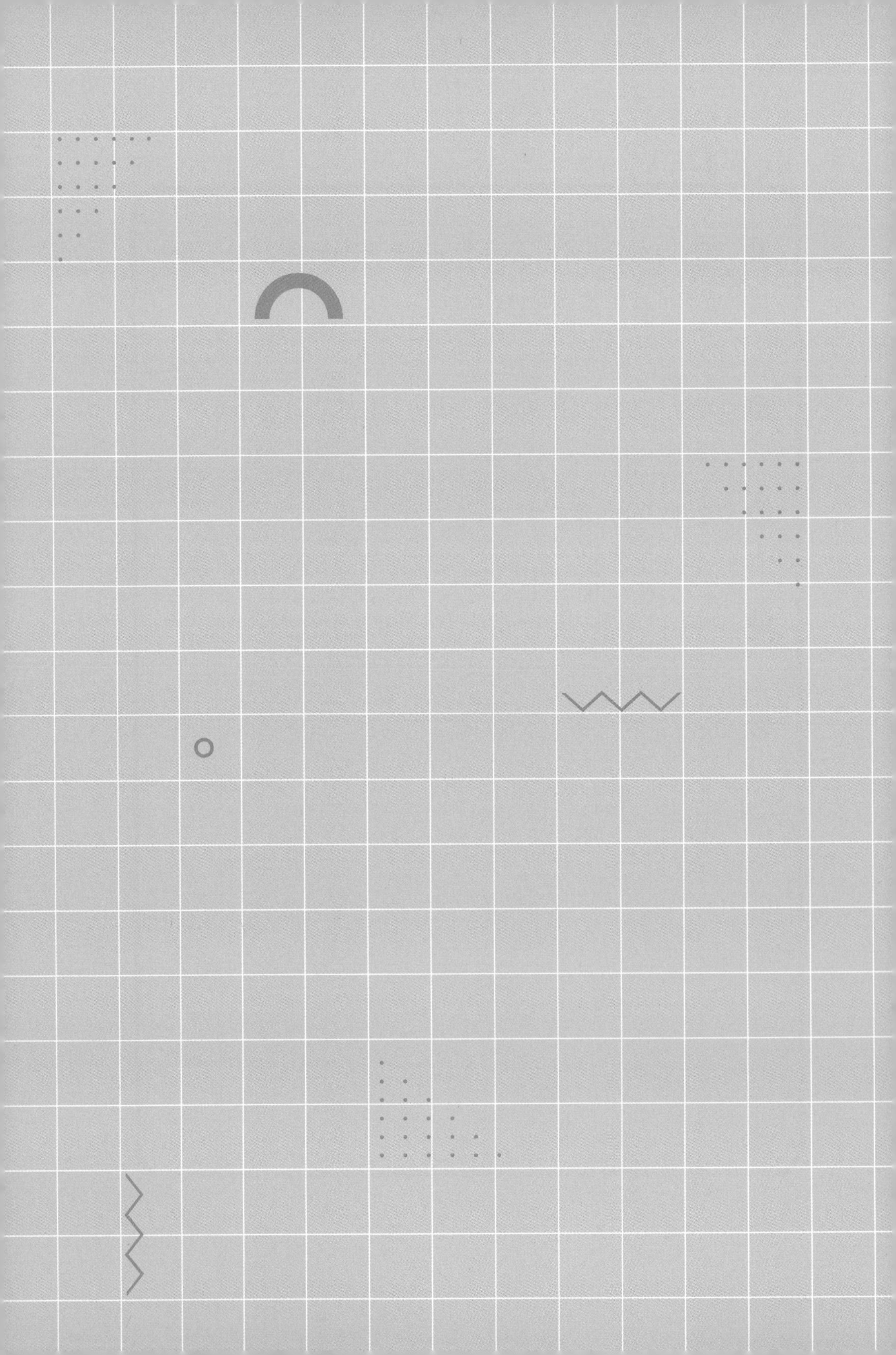

3교시

예상과 확인하기

답을 예상하고 확인하면서 문제를 해결합니다.

수업 목표

답을 예상하고 확인하면서 문제를 해결할 수 있습니다.

미리 알면 좋아요

예상과 확인하기

예) 4＋□＝20에서 □에 알맞은 수는 얼마입니까?

답을 7이라고 예상하고 확인하면

4＋7＝11

따라서 7은 답이 아닙니다.

답을 9라고 예상하고 확인하면

4＋9＝13

따라서 9도 답이 아닙니다.

예상과 확인하기 전략이란 이처럼 답을 예상하고 확인하면서 문제를 해결하는 전략입니다.

폴리아의 세 번째 수업

지난 시간에는 그림 그리기 전략에 대해 학습하였습니다. 이번 시간에는 예상과 확인하기 전략에 대해 알아봅시다. 이 전략은 답을 예상해 보고, 예상한 답이 맞는지 확인하는 방법입니다.

많은 사람이 이 전략이 무슨 수학이냐고 무시하지만 어른도 일상생활의 문제를 해결할 때 많이 사용하는 것입니다. 그만큼 매우 유용한 전략입니다.

문제를 읽고 이 문제가 무엇을 묻고 있는지 이해는 했지만 어떤 방법으로 해결해야 할지 모를 때가 있습니다. 이럴 때 효과적인 전략이 바로 예상과 확인하기입니다.

우선, 가장 간단한 문제부터 해결하여 볼까요?

쏙쏙 문제 풀기 1

어떤 수에 9를 더했더니 30이 되었다고 한다. 어떤 수를 구하시오.

이 문제가 무엇을 묻고 있는지, 무엇을 구하라고 하는 것인지 알 수 있지만 어떻게 해결해야 할지 모르겠지요? 이럴 때는 답을 10이라고 예상해 봅시다. 10에 9를 더하면 19지요. 그런데 30이 되어야 하므로 10이라고 예상한 답은 틀린 것이 됩니다. 그러면 어떤 수를 예상해 볼까요? 6이라고 예상해 볼까요? 계산해 보니 15가 되어 예상한 답은 틀렸습니다. 이번에는 13이라고 예상해 볼까요? 하지만 22가 되어 또 예상한 답이 틀렸습니다. 이처럼 답이 될 만한 수를 생각 없이 예상하여 확인하는 것은 예상과 확인하기 전략이 아닙니다. 이런 방법으로 답을 찾는 것은 어려울 뿐만 아니라 시간과 노력도 많이 소비됩니다. 무엇보다 수학적이지 못하지요. '수학적이지 못하다.'라는 말은 논리적이고 체계적인 방법이 아니라는 뜻입니다.

그렇다면 어떻게 답을 예상하는 것이 수학적일까요? 처음부터 다시 생각하여 봅시다. 처음에 답을 10이라고 예상하였더니 19가 되었지요? 19는 30보다 작으므로 10보다 더 큰 수를 예상해야 할 것입니다. 그래서 15라고 예상하면 24가 됩니다. 그런데 24도 30보다 작으므로 15보다 더 큰 수를 예상해야 합니다. 20이라고 예상하면…… 29가 됩니다. 따라서 20보다 1이 더 큰 수 21을 예상하면 30이 되므로 구하고자 하는 답은 21입니다.

조금 더 어려운 문제를 풀어 볼까요?

쏙쏙 문제 풀기 2

어느 농장에 닭과 돼지가 38마리 있다. 다리의 수를 세었더니 모두 102개였다. 그렇다면 닭과 돼지는 각각 몇 마리인가?

중고등학생들은 이 문제를 다음과 같이 방정식으로 해결하려고 할 것입니다.

닭의 수를 x마리, 돼지의 수를 y마리라고 하면,

$$x+y=38$$

$$2x+4y=102$$

또는 닭의 수를 x마리라고 하면 돼지의 수는 $(38-x)$마리이므로

$$2x+4(38-x)=102$$

그러나 불행하게도 많은 중고등학생이 위와 같이 방정식을 세우지 못해 문제를 해결하지 못하고 있습니다. 그러면 나와 함께 예상과 확인하기 전략을 사용하여 해결하여 볼까요?

닭이 20마리라고 하면 돼지는 18마리겠지요? 그러면 다리의 수는 $20\times2+18\times4=112$개입니다. 문제에서 다리의 수가 102개라고 하였으므로 다리의 수를 줄여야겠군요. 그렇다면 닭의 수를 줄여야 할까요, 늘려야 할까요? 닭의 수를 늘리면 돼지의 수가 줄어들고, 그렇게 되면 전체 다리의 수가 줄어들

겠네요. 닭이 24마리라고 예상해 볼까요? 그러면 돼지의 수는 14마리이고, 다리의 수는 $24\times2+14\times4=104$개입니다. 다리의 수가 102개이어야 하므로 닭의 수를 1마리 더 늘리면 되겠네요. 닭의 수를 25마리라고 하면 돼지는 13마리가 됩니다. 따라서 다리의 수는 $25\times2+13\times4=102$개입니다. 어떤가요, 맞았지요? 그러므로 닭은 25마리, 돼지는 13마리입니다.

여러분, 예상과 확인하기 전략의 능력이 어떤지 알 수 있었나요? 여러분은 중고등학생들도 해결하기 어려운 문제를 아주 쉽게 해결하였습니다.

비슷한 문제를 해결하여 봅시다.

쏙쏙 문제 풀기 3

20km 떨어진 도서관까지 가는 데 처음에는 버스를 타고 시속 32km로 갔다. 버스에서 내려서 시속 4km로 걸어갔다. 도서관까지 가는 데 1.5시간 걸렸다면 버스를 타고 간 거리는 얼마나 되는가?

시속 32km란 1시간에 32km를 갔다는 뜻입니다. 문제를 이해할 수 있지만 어떻게 해결해야 하는지 잘 모르겠지요?

예상과 확인하기 전략을 사용해 봅시다. 버스를 타고 10km를 갔다고 예상하면 걸어간 거리는 10km입니다. 그러면 걸린 시간은 $\left(\frac{10}{32}+\frac{10}{4}\right)$시간입니다. 이것을 정확하게 계산할 필요는 없는데, 어림하면 약 $2\frac{1}{2}$시간입니다. 문제에서 주어진 $1\frac{1}{2}$시간과 비교하면서 버스를 탄 거리를 더 늘려야 할지 줄여야 할지 생각하여 볼 수 있는데, 여기서는 걸어간 거리를 줄이고 버스를 탄 거리를 늘려야겠지요?

버스를 탄 거리를 15km라고 예상해 볼까요? 그러면 걸은 거리는 5km입니다. 걸린 시간은 $\left(\frac{15}{32}+\frac{5}{4}\right)$시간입니다. $\frac{15}{32}$는 약 $\frac{1}{2}$이고, $\frac{5}{4}$는 $1\frac{1}{4}$이므로 문제에서 주어진 시간 $1\frac{1}{2}$과 비슷해졌습니다. 하지만 버스를 탄 거리를 더 늘려야겠군요. 이제는 조금씩 늘려야 합니다. 왜냐하면 정답에 가까워졌으니까요. 버스를 탄 거리를 16km라고 예상하여 봅시다. 걸은 거리는 4km이고, 걸린 시간은 $\left(\frac{16}{32}+\frac{4}{4}\right)$시간입니다. 이를 계산하면 $1\frac{1}{2}$시간으로 문제에서 주어진 답과 일치합니다. 따라서 버스를 타고 간 거리는 16km입니다.

이번에는 좀 더 어려운 문제를 해결하여 볼까요?

쏙쏙 문제 풀기 4

가로의 길이가 20m, 세로의 길이가 10m인 직사각형 모양의 땅이 있다. 가로와 세로의 길이를 똑같이 늘려서 처음 넓이의 3배가 되도록 하고 싶다. 가로세로의 길이를 몇 m씩 늘리면 되겠는가?

이 문제는 이차방정식을 이용하는 중학교 3학년의 문제입니다. 위 문제를 다음과 같은 방정식으로 나타낼 수 있습니다.

늘린 길이를 xm라고 하면 넓이는,

$$(20+x)(10+x)=600$$

이 됩니다.

이 식은 x에 관한 이차방정식입니다. 그러나 아직도 많은 중고등학생이 이런 문제를 해결하지 못하고 있습니다.

가로 20m, 세로 10m인 내 땅을
가로세로 똑같이 얼마만큼 늘리면
정확히 3배가 될까?
아버지,
제가 해결해 드릴게요.

근데 이건 제가 배운 방정식으로는
해결할 수 없겠는데요?
이차방정식을 알면 쉽게 해결할
수 있을 것 같은데…….

정확히 3배가 되도록
땅을 늘리고 싶은데…….
알 수 있는
다른 방법이 없을까?
아하!
방정식을 사용하지 않고도
해결할 수 있어요! 하지만 시간을
조금 주세요. 예상하고 확인할
시간이 필요하거든요.

그래?
알았다.

5m를 늘리면, 넓이는
25×15=375.
더 늘려야겠네요.
12m 늘리면…….
32×22=704가 되네요.
이런, 조금 줄여야 하네요.
우리 아들
잘한다.

10m씩 늘린다고
예상하면…….
30×20=600.
와, 딱 3배가 돼요!
아들아~

그렇다고 미리 겁먹지는 마세요. 여러분, 나와 함께 이 문제를 예상과 확인하기 전략을 사용하여 해결하여 볼까요?

가로세로의 길이를 똑같이 늘려서 넓이가 600m^{2}인 직사각형을 만들려면 얼마나 늘려야 되는가의 문제입니다. 5m씩 늘린다고 예상하면…… 넓이는 25×15=375입니다. 600이 되려면 더 늘려야겠지요? 12m를 늘리면 어떻게 될까요? 그러면 넓이는 32×22=704입니다. 너무 많이 늘렸군요. 그러면 10m를 늘린다고 예상하면 넓이는 30×20=600입니다. 문제에서 주어진 조건과 맞았습니다. 따라서 가로와 세로의 길이를 각각 10m씩 늘리면 됩니다.

예상과 확인하기 전략에 대해 여러분은 어떻게 생각했나요? '그렇게 풀면 선생님께 야단맞지 않을까요?', '이 수 저 수 넣어 보고 답을 구하는 것이 수학인가요?', '수학이라면 식을 세워야 하지 않나요?' 등과 같은 생각을 하는 사람이 많을 것입니다. 그러나 일차방정식, 이차방정식이 아니라 문제를 해결할 수 있느냐 없느냐가 중요합니다. 일차방정식, 이차방정식을 모르더라도 문제를 해결할 수 있어야 능력이 있는 사람입니다. 자신 있게 다음 문제를 해결하여 봅시다.

쏙쏙 문제 풀기 5

할아버지의 연세는 70세이고, 3명의 손주 나이는 각각 1, 4, 7세이다. 할아버지의 연세가 손자들 나이의 합의 4배가 되려면 몇 년 후인가?

문제에서 알 수 있는 사실은 할아버지 연세는 70세, 손주들 나이의 합은 12세이고, 할아버지의 연세가 손주들 나이의 합의 4배가 될 때를 구하라는 문제입니다.

10년 후라고 예상하여 볼까요? 그러면 할아버지의 연세는 80세가 되고, 손주들 나이는 11, 14, 17세이므로 합은 42세입니다. 손주들 나이의 합의 4배면 168세입니다. 따라서 10년은 답이 아니지요.

그러면 이번에는 몇 년 후라고 예상해야 할까요? 10보다 작은 수를 예상해야겠지요? 5년 후라고 예상하면, 할아버지의 연세는 75세, 손주들의 나이는 6, 9, 12세이므로 합은 27세입니다. 27의 4배는 108이므로 아까보다는 정답에 가까워졌습니다.

이번에는 3년 후라고 예상하면, 할아버지의 연세는 73세, 손주들의 나이는 4, 7, 10세이므로 합은 21세이고, 이것의 4배는

84세입니다.

더 작은 수를 예상해야겠군요. 2년 후라고 한다면 할아버지의 연세는 72세, 손주들의 나이는 3, 6, 9세이므로 합은 18세입니다. 이것의 4배는 72세이므로 정답입니다. 따라서 2년 후에 할아버지의 연세는 손주들 나이의 합의 4배가 됩니다.

예상과 확인하기 전략은 문제의 뜻은 이해하지만 어떻게 해결해야 하는지를 모를 때 사용하는 전략입니다. 마구잡이로 수를 예상하고 확인하는 것은 수학적이지 못합니다. 어떤 수를 예상하고 확인하였으면 그다음에는 그보다 작은 수를 예상해야 하는지, 더 큰 수를 예상해야 하는지를 판단해야 합니다. 또 얼마나 작거나 큰 수를 예상해야 하는지도 따져 보면서 예상한다면 문제를 더욱 쉽게 해결할 수 있습니다.

예상과 확인하기 전략은 어른도 자주 사용하는 유용한 문제 해결 전략입니다.

그럼 오늘은 이쯤에서 끝낼까요? 다음 시간에는 규칙 찾기를 공부하겠습니다.

수업 정리

❶ 예상과 확인하기는 답을 예상하고 확인하면서 문제를 해결하는 전략입니다.

❷ 한번 예상하고 확인한 다음에는 처음보다 큰 수를 예상해야 하는지, 작은 수를 예상해야 하는지를 판단해야 합니다.

> 6에 어떤 수를 곱하였더니 132가 되었다. 어떤 수를 구하시오.

처음에 10을 예상하였다면 결과는 60입니다. 132와 비교하여 다음에는 더 큰 수를 예상합니다.
처음에 30을 예상하였다면 결과는 180입니다. 132와 비교하여 다음에는 더 작은 수를 예상합니다.

❸ 마구잡이로 아무 수나 예상하는 것은 수학이 아닙니다.

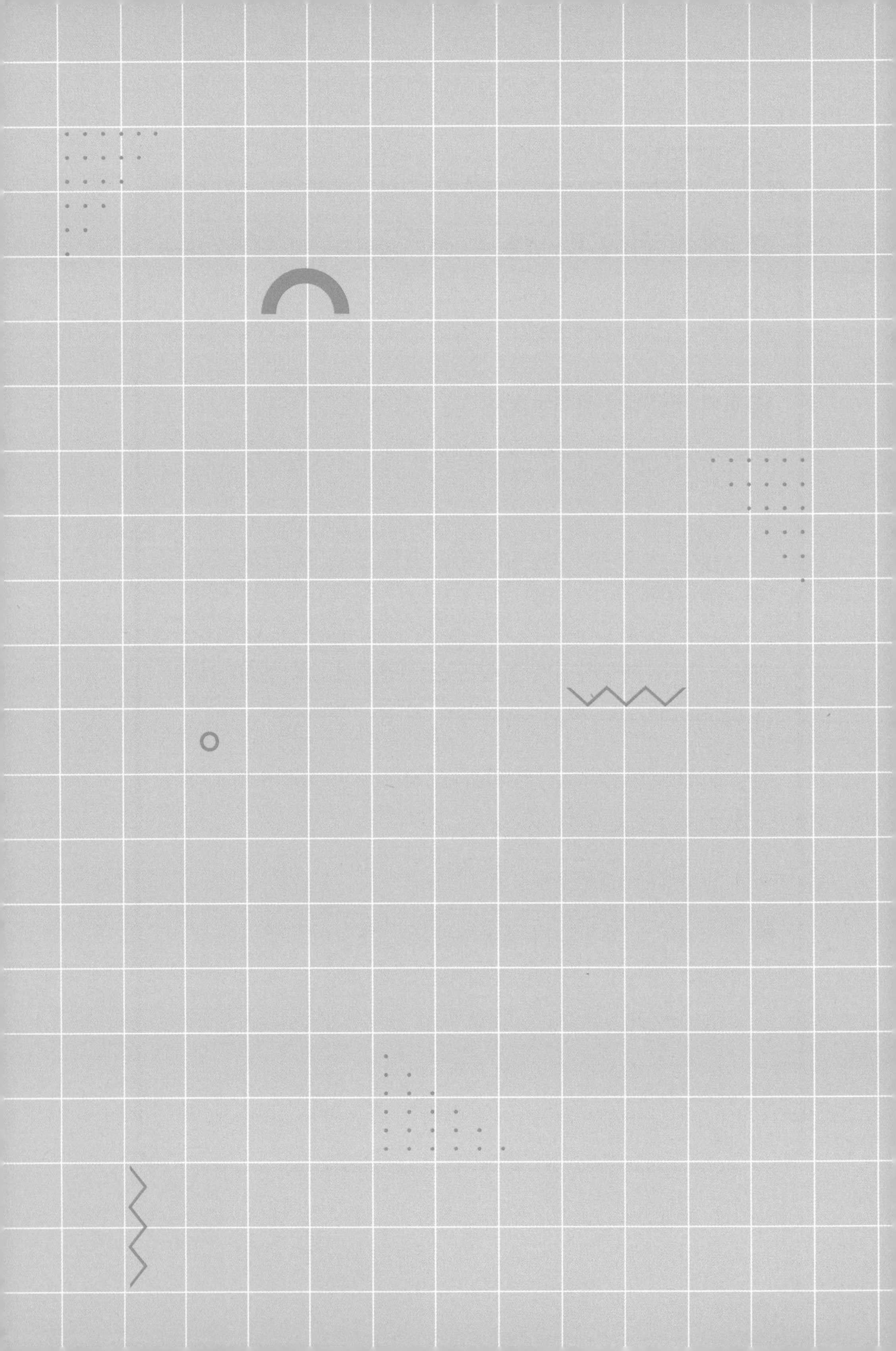

4교시

규칙 찾기

문제에 나타난 정보에서 규칙을 찾아 해결합니다.

수업 목표

1. 문제에 나타난 정보에서 규칙을 찾을 수 있습니다.
2. 그 규칙을 이용하여 문제를 해결할 수 있습니다.

미리 알면 좋아요

1. **규칙** 패턴이라고도 합니다. 2, 4, 6, 8, 10, ……에서 수는 변하지만 그 속에서는 '2씩 늘어난다'는 규칙이 있음을 알 수 있습니다.

2. 규칙을 말 또는 식으로 나타낼 수 있습니다. 예를 들어, '정사각형의 둘레는 한 변 길이의 4배이다.', '원 둘레는 지름의 3.14배이다.' 등입니다.

3. 자연 속에는 수많은 규칙이 숨어 있습니다. 숨어 있는 규칙을 찾으려면 남다른 **관점**을 가져야 합니다.

폴리아의 네 번째 수업

이번 시간에는 규칙 찾기 전략에 대해 알아봅시다.

여러분은 어떤 TV 프로그램에서 '○○○는 ☐이다.' 라는 문장을 자주 보았을 것입니다. 이런 문장을 정의라고 합니다. 예를 들면, '사람은 생각하는 갈대이다.'라는 문장은 사람을 정의한 것입니다.

옛날부터 많은 수학자가 수학에 대하여 다양하게 정의하였습니다. 수학에 대한 정의는 시대에 따라 변하기도 합니다. 여러분도 수학이 무엇이라고 생각하는지 정의하여 봅시다.

수학이란(은) [ ] 이다.

과거에는 수학이란 공식이다, 수학이란 계산이다, 수학이란 문제 해결이다 등으로 정의하였습니다. 지금은 약간 변하여 수학은 규칙이다, 수학은 사고 방법이다 등으로 정의하기도 합니다. 사람마다 수학에 대한 느낌이 다르므로 정의가 다를 수밖에 없으며, 일치될 필요도 없습니다. 다만, 이 모두가 수학을 어떻게 공부하였는가에 대한 느낌일 것입니다.

'수학이란 규칙 찾기이다.'라는 정의에는, 자연 현상은 시시각각 변하지만 그 가운데 변하지 않는 어떤 규칙이 있을 것이고, 그 규칙을 찾아 일반화하는 것이 수학이라는 뜻이 담겨 있습니다. 심지어 수학 자체가 규칙이라는 학자도 있습니다. 따라서 수학에서 규칙이란 매우 중요한 위치에 있는 것입니다.

문제 해결 전략에서도 규칙 찾기는 매우 중요한 역할을 합니다. 이 전략은 문제를 이해하지만 문제에 제시된 정보사실들 사이의 관계를 알지 못할 때 유용합니다. 물론 문제에 제시된 정보들 사이의 관계를 알 수 있다면 식을 세움으로써 문제 해결을 쉽게 할 수 있겠지요.

규칙 찾기 전략이란 문제에서 주어진 정보를 이용하여 규칙을 찾고, 그 규칙을 이용하여 문제를 해결하는 방법을 말합니다.

지난 시간에 풀었던 닭과 돼지 문제를 이번에는 규칙 찾기 전략으로 해결해 볼까요?

쏙쏙 문제 풀기 1

어느 농장에 닭과 돼지가 38마리 있다. 다리의 수를 세었더니 모두 102개였다. 그렇다면 닭과 돼지는 각각 몇 마리인가?

닭과 돼지의 수, 다리 수의 합 사이에 어떤 관계가 있는지 금방 알아낼 수 없지요? 그들 사이에 어떤 관계가 있는지 알아보기 위하여 처음부터 차근차근 따져 봅시다.

닭 1마리, 돼지 37마리 → 다리 수의 합 150개

닭 2마리, 돼지 36마리 → 다리 수의 합 148개

닭 3마리, 돼지 35마리 → 다리 수의 합 146개

⋮

어떤 규칙이 있는지 금방 알아차렸나요? 주어진 사실 몇 개만 보고도 어떤 규칙이 있는지를 금방 알아챈 사람은 문제 해결 능력이 우수한 수학적인 사람입니다.

닭이 1마리씩 증가할 때마다 다리 수의 합은 2개씩 줄어들고 있지요. 이것이 규칙입니다. 자, 이제 규칙을 찾았습니다.

이 규칙을 이용하여 문제를 해결하여 봅시다. 닭이 1마리일 때 다리 수의 합이 150개입니다. 문제에서는 다리 수의 합이

102개라고 하였으므로 150－102＝48개 차이가 납니다. 닭이 1마리 늘어날 때마다 다리 수의 합이 2개씩 줄어듭니다. 결국 다리 수의 합에서 48개가 줄어들려면 닭이 24마리 더 늘어나야 하겠지요. 그러면 닭의 수는 25마리가 되고, 돼지는 13마리가 됩니다. 이때, 다리 수의 합은 $25\times2+13\times4=102$개이므로 문제에서 제시된 것과 일치합니다.

다음 문제를 해결하여 봅시다.

쏙쏙 문제 풀기 2

이십각형에서 대각선의 수를 구하시오.

이십각형에서 대각선이 몇 개인지 알아보려면 이십각형을 그려야 합니다. 그런데 이것을 그리기가 쉽지 않을뿐더러 일일이 대각선을 그리는 것도 매우 복잡합니다. 그래서 삼각형부터 대각선의 수를 구하면서 어떤 규칙이 있는지를 알아낸 다음, 그 규칙을 이용하여 이십각형의 대각선 수를 구하는 것이 편리합니다. 규칙 찾기 전략을 사용하자는 것이지요.

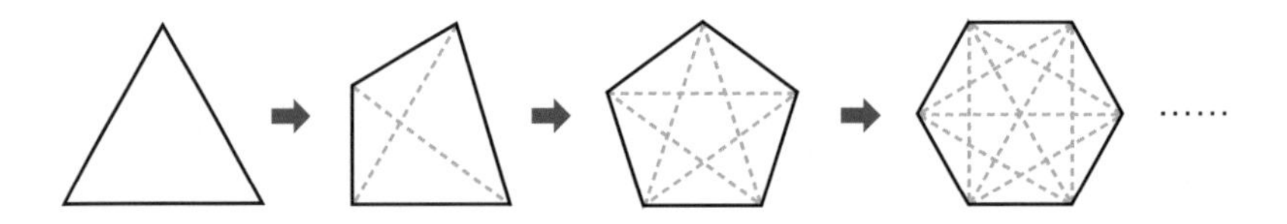

대각선의 수를 구하면 다음과 같습니다.

삼각형의 대각선 수 0

사각형의 대각선 수 2

오각형의 대각선 수 5

육각형의 대각선 수 9

⋮

어떤 규칙이 있는지 알아내었나요? 규칙을 찾아내기가 쉽지 않지요? 대각선의 수 0, 2, 5, 9에서 확실하지는 않겠지만 어떤 규칙이 있음을 알 수 있을 것입니다.

0, 2, 5, 9, □

□는 어떤 수일까요? 0, 2, 5, 9에는 다음과 같이 규칙이 있을 것으로 예상합니다.

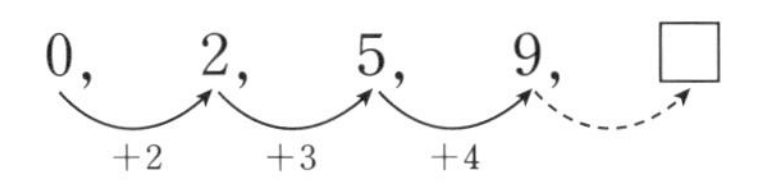

'첫째 수에 2를 더하면 둘째 수가 되고, 둘째 수에 3을 더하면 셋째 수가 되고, 셋째 수에 4를 더하면 넷째 수가 된다.'라는 규칙을 예상할 수 있습니다. 이를 가설예상되는 규칙이라고 합니다. 이 가설이 맞는지를 확인해야 합니다. 이를 증명이라고 하는데, 이 가설이 맞다면참이라면 9 다음에는 어떤 수가 자리해야 할까요? 그렇습니다. 5를 더하여 14가 되어야 합니다. 맞는지 칠각형을 그려서 확인하여 봅시다.

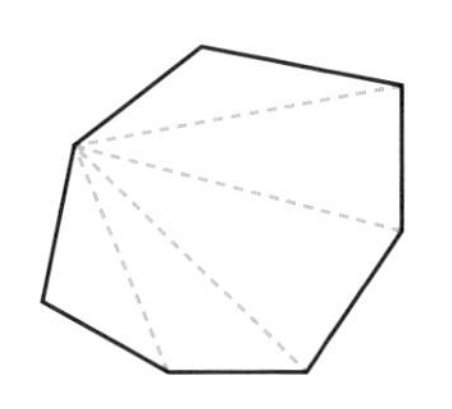

나머지는 직접 그려서
확인해 보세요.

칠각형의 대각선 수는 14개입니다. 따라서 우리가 앞에서 예상했던 가설이 참임이 증명되었지요. 이처럼 증명하는 방법을 귀납적 증명이라고 합니다.

우리가 구하고자 하는 것은 이십각형의 대각선 수입니다. 이십각형은 몇째 수인지 알아야겠지요. 삼각형이 첫째 수이고, 사각형이 둘째 수이므로 이십각형은 열여덟째 수입니다. 즉, 열여덟째의 수를 구하는 것이 문제를 해결하는 것입니다.

$$0, \quad 2, \quad 5, \quad 9, \quad \cdots\cdots, \quad \square$$

$+2 \qquad +3 \qquad +4$

다음을 읽으면서 어떤 규칙이 있는지 알아보세요.

셋째 수는 $2+3$, 넷째 수는 $2+3+4$, 다섯째 수는 $2+3+4+5$, 여섯째 수는 $2+3+4+5+6$으로 구할 수 있습니다. 그렇다면 열여덟째 수는 어떻게 구할 수 있을까요?

$$2+3+4+5+\cdots\cdots+10+\cdots\cdots+17+18$$

위의 식을 계산하면 $20\times8+10=170$입니다. 따라서 이십각형의 대각선 수는 170개입니다.

이 문제는 규칙을 여러 번 찾아야 하는 어려움이 있습니다. 그러나 다른 방법을 이용하면 좀 더 쉽게 해결할 수도 있습니다.

육각형의 한 꼭짓점에서 그을 수 있는 대각선의 수는 3개이므로 6개의 꼭짓점에서 그을 수 있는 대각선의 수는 18개이다. 이것은 중복되므로 2로 나눈다. 따라서 육각형의 대각선 수는 9개이다.

이번에는 이차방정식 문제를 풀어 볼까요?

쏙쏙 문제 풀기 3

가로세로의 길이가 각각 5m, 4m인 직사각형의 땅이 있다. 이것의 가로와 세로의 길이를 똑같이 늘려 넓이를 286m^2 더 넓히려고 한다. 몇 m씩 늘리면 되겠는가?

중학교 3학년 학생이라면 이차방정식으로 간단하게 해결할 수 있을 것입니다. 그렇다고 이차방정식을 모르면 해결할 수 없을까요? 이런 문제는 초등학생도 해결할 수 있는 문제입니다. 다만 해결 전략이 다를 뿐입니다. 차근차근 생각하여 봅시다.

가로와 세로를 각각 1m씩 늘려 보면서 어떤 규칙이 있는지 살펴봅시다. 1m 늘리면 넓이는 $6 \times 5 = 30$이 되어 처음보다 10m^{2}더 늘어납니다.

1m씩 늘리면 넓이는 10m^2 늘어난다.

2m씩 늘리면 넓이는 22m^2 늘어난다.

3m씩 늘리면 넓이는 $36m^2$ 늘어난다.

4m씩 늘리면 넓이는 $52m^2$ 늘어난다.

⋮

규칙을 찾았나요? 수학적인 사람은 규칙이 있다는 것을 바로 직감할 수 있을 것입니다.

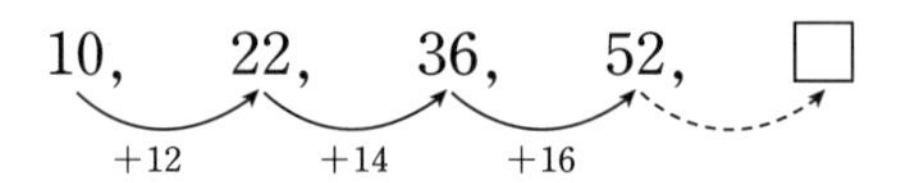

'둘째 수는 첫째 수에 12를 더하고, 셋째 수는 둘째 수에 14를 더하고, 넷째 수는 셋째 수에 16을 더한다.'라는 규칙을 찾았을 것입니다. 이렇게 예상한 규칙을 가설이라고 하였습니다. 이 가설이 참인지 증명해야 합니다. 그렇다면 □는 어떤 수일까요? 가설에 의하면 다섯째 수는 넷째 수에 18을 더하면 되므로 □는 $52+18=70$이 되어야 합니다. 실제로 맞는지 확인하여 봅시다. □는 다섯째 수이므로 가로와 세로의 길이를 5m씩 늘렸으므로 넓이는 $10\times9=90$이 되어 처음보다 $70m^2$ 늘어났습니다. 따라서 우리가 예상한 가설은 참입니다.

36은 10＋12＋14, 52는 10＋12＋14＋16입니다. 이와 같은 방법으로 286이 되려면 10부터 얼마까지 더해야 하는지가 문제 해결의 초점입니다. 다음과 같이 10부터 합을 구하여 봅시다.

10＋12＋14＋16＋18＝70　　20＋22＋24＋26＋28＝120

28　　48

28　　48

10부터 28까지의 합이 190이므로 30, 32, 34까지 더하면 286이 됩니다. 즉 10부터 34까지 더하면 합은 286입니다. 10이 첫째 수이므로 34는 열셋째 수가 되는 거지요. 따라서 가로와 세로의 길이를 각각 13m씩 늘리면 된답니다.

정말, 그런지 확인하여 볼까요? 13m씩 늘리면 넓이는 18×17＝306이 되어 처음보다 $286m^2$가 더 늘어납니다.

어떻습니까? 정보를 나열해 보니 어떤 규칙이 있음을 발견할 수 있지요? 수학뿐만 아니라 일상생활에서도 규칙 찾기는 매우 중요하답니다. 규칙을 찾으면 미래를 예상할 수 있으니까요. 오늘부터 여러분 주위에서 규칙을 찾아보세요.

그럼 다음 시간에 만납시다.

수업 정리

❶ 규칙 찾기 전략은 문제에 나타난 정보에서 규칙을 찾아 그 규칙을 이용하여 문제를 해결하는 방법입니다.

❷ 닭과 돼지가 38마리, 다리 수는 모두 102개에서 닭의 수와 다리의 수 사이에는 다음과 같은 규칙이 있습니다.

닭 1마리, 돼지 37마리 → 다리 수의 합 150개

닭 2마리, 돼지 36마리 → 다리 수의 합 148개

닭 3마리, 돼지 35마리 → 다리 수의 합 146개

⋮

닭이 1마리씩 늘어나면 돼지는 1마리씩 줄어듭니다. 그에 따라 다리의 수는 2개씩 줄어듭니다.

❸ 규칙을 찾고, 그것을 이용하는 전략은 수학에서 매우 중요한 일입니다.

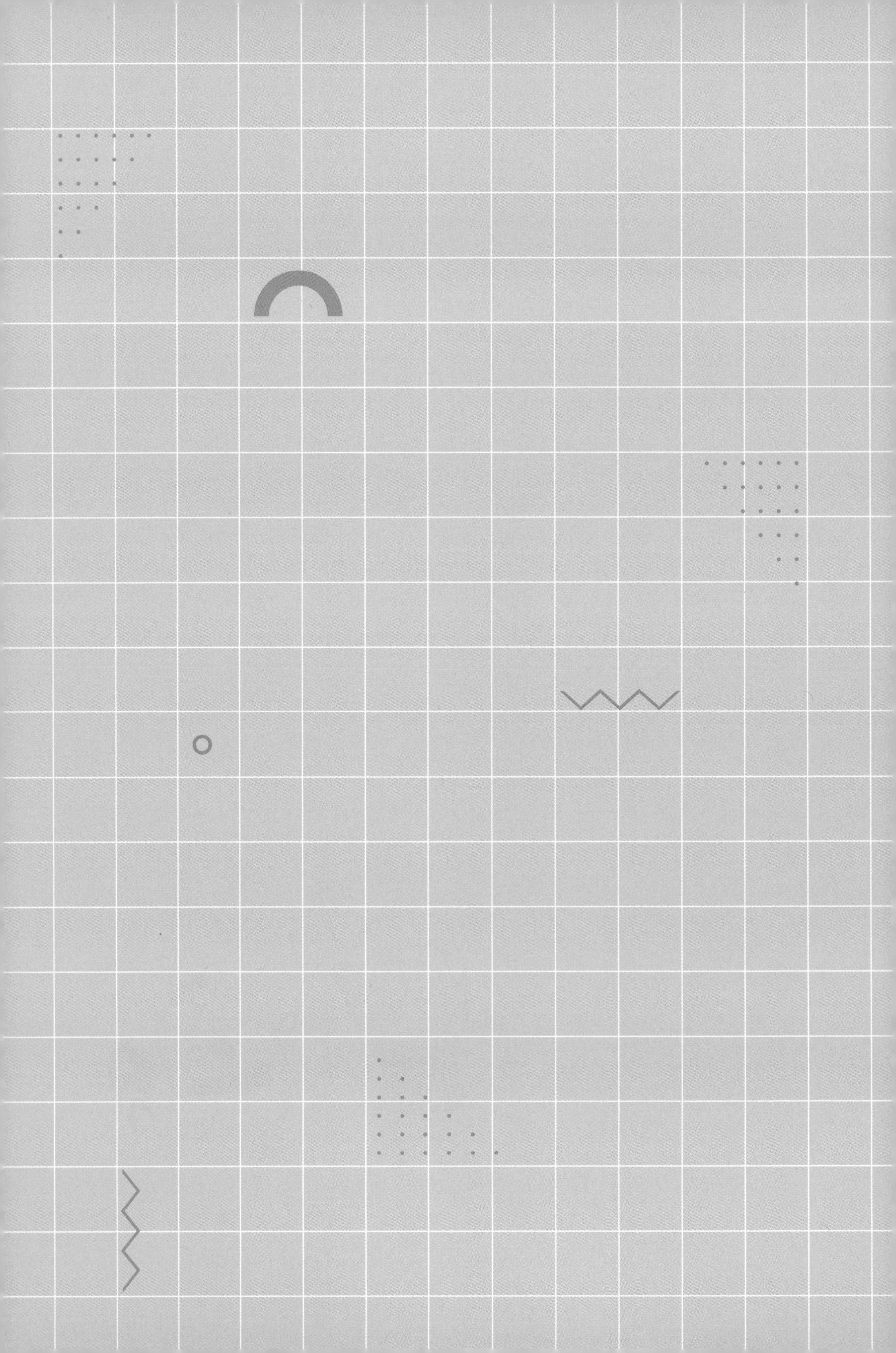

5교시

표 만들기

문제에 나타난 정보를 표로 나타내어 해결합니다.

수업 목표

1. 문제에 나타난 정보를 표로 나타낼 수 있습니다.
2. 표를 이용하여 문제를 해결할 수 있습니다.

미리 알면 좋아요

1. 표는 어떤 내용을 일정한 형식에 따라 보기 쉽게 나타낸 것을 말합니다.

2. 표를 만들 때에는 가로와 세로에 들어갈 항목을 결정해야 합니다.

종목 / 이름				

가로의 길이			
세로의 길이			
둘레			

3. 문제에 나타난 정보를 표로 나타낸 다음에는 그들 사이에 어떤 관계가 있는지 살펴봅니다.

4. 표 만들기 전략은 다른 전략과 함께 사용합니다.

폴리아의 다섯 번째 수업

어떤 내용을 일정한 형식과 순서에 따라 보기 쉽게 나타낸 것을 표라고 합니다. 신문이나 잡지 또는 뉴스를 보면 표를 사용하여 설명할 때가 많이 있습니다. 정보를 글이나 말로 표현하면 매우 길고 복잡하고 이해하기 어렵지만 표로 나타내면 그 정보를 이해하기 쉽고, 정보의 구조도 쉽게 이해할 수 있고, 기억하기도 쉽습니다.

표 만들기 전략은 문제에 나타난 정보가 복잡하여 정보들 사이의 관계를 파악하기 어려울 때 매우 효과적인 전략입니다. 또 표 만들기 전략은 그 자체만 사용하는 것이 아니라 예상과 확인하기, 규칙 찾기 등 다른 전략과 함께 사용하는 경우가 많습니다.

다음 문제를 해결해 볼까요?

쏙쏙 문제 풀기 1

태호, 현민, 병주, 동만이는 축구, 농구, 야구, 배구 중 어느 한 운동을 좋아한다. 태호를 제외한 3명 중 1명은 농구를 좋아하고, 현민이는 배구를 좋아한다. 병주와 동만이는 야구를 좋아하지 않는다. 동만이는 축구를 좋아했으나 지금은 그렇지 않다. 네 사람이 각각 좋아하는 운동은 무엇인가?

문제가 길면서 복잡하고 뒤죽박죽으로 설명되어 있어서 도대체 누가 무엇을 좋아하는지 도저히 알 수 없겠지요? 이럴 때 표로 정리하면 정보 사이의 관계를 보다 쉽게 파악할 수 있습니다. 4명이 4가지 운동을 좋아한다고 하였으므로 다음과 같이 표를 만듭니다.

종목 / 이름	축구	농구	야구	배구
태호				
현민				
병주				
동만				

이제, 문제를 다시 읽으면서 내용을 위와 같은 표에 나타내어 봅시다.

(1) 태호, 현민, 병주, 동만이는 축구, 농구, 야구, 배구 중 어느 한 운동을 좋아한다.

"4명이 각각 어느 한 종목을 좋아한다."

(2) 태호를 제외한 3명 중 1명은 농구를 좋아한다.

"태호는 농구를 싫어한다. 태호는 축구, 야구, 배구 중 하나를 좋아하겠군."

이름 \ 종목	축구	농구	야구	배구
태호		×		
현민				
병주				
동만				

(3) 현민이는 배구를 좋아한다.

"현민이는 다른 종목은 모두 싫어하겠군. 다른 사람들은 배구를 싫어하겠군."

이름 \ 종목	축구	농구	야구	배구
태호		×		
현민				○
병주				
동만				

➡

이름 \ 종목	축구	농구	야구	배구
태호		×		×
현민	×	×	×	○
병주				×
동만				×

(4) 병주와 동만이는 야구를 좋아하지 않는다.

"병주와 동만이가 야구를 좋아하지 않으면 야구를 좋아하는 사람은 태호구나! 그럼 태호는 축구를 싫어하네?"

종목 / 이름	축구	농구	야구	배구
태호		×		×
현민	×	×	×	○
병주			×	×
동만			×	×

➡

종목 / 이름	축구	농구	야구	배구
태호	×	×	○	×
현민	×	×	×	○
병주			×	×
동만			×	×

(5) 동만이는 축구를 좋아했으나 지금은 그렇지 않다.

"동만이는 축구를 싫어한다. 그럼 동만이는 농구를 좋아하겠네? 동만이가 농구를 좋아하면, 병주는 축구겠군."

종목 / 이름	축구	농구	야구	배구
태호	×	×	○	×
현민	×	×	×	○
병주			×	×
동만	×		×	×

➡

종목 / 이름	축구	농구	야구	배구
태호	×	×	○	×
현민	×	×	×	○
병주	○	×	×	×
동만	×	○	×	×

위의 표에서 각자 좋아하는 운동이 태호 → 야구, 현민 → 배구, 병주 → 축구, 동만 → 농구임을 알게 됐습니다.

어떻습니까? 복잡하고 길게 설명한 문제를 표로 나타냈더니 쉽게 해결할 수 있다는 것을 알게 되었지요?

종목 / 이름	축구	농구	야구	배구
태호	×	×	○	×
현민	×	×	×	○
병주	○	×	×	×
동만	×	○	×	×

조금 더 복잡한 문제를 풀어 보겠습니다.

쏙쏙
문제 풀기 2

서울, 수원, 춘천, 대전, 인천, 천안에 사는 A, B, C, D, E, F 6명이 해수욕장에 도착하였다. 저녁을 먹으면서 자신을 소개하였다. 이를 정리하면 다음과 같다.

1. A와 서울에서 온 남자는 의사이다.
2. E와 수원에서 온 여자는 교사이다.
3. 천안에서 온 사람과 C는 설계사이다.
4. B와 F는 올림픽에 출전하였지만 천안에서 온 사람은 운동선수가 아니다.
5. 춘천에서 온 사람은 A보다 나이가 많다.
6. B와 서울에서 온 사람은 고향이 부산이다.
7. C와 춘천에서 온 사람은 고향이 광주이다.
8. 대전에서 온 사람은 C보다 나이가 많다.

6명의 직업과 출발한 도시를 말하시오.

여덟 가지 정보를 줬는데 정보 사이의 관계를 파악하기 어렵지요? 누가 어디에서 왔는지, 직업이 무엇인지 정말 알기가 어렵습니다. 이럴 때 표 만들기 전략으로 정보를 정리하면 쉽게 관계를 파악할 수 있습니다.

우선 모두 6명이 해수욕장에 도착하였고, 출발지가 6곳이므로 표를 다음과 같이 만들 수 있습니다.

이름 지역	A	B	C	D	E	F
서울						
수원						
춘천						
대전						
인천						
천안						

문제의 조건 1부터 차례대로 생각해 보면, A는 서울 사람이 아니고, E는 수원 사람이 아니고, C는 천안 사람이 아니고, B와 F는 천안 사람이 아니고, A는 춘천 사람이 아니고, B는 서울 사람이 아니고, C는 춘천 사람이 아니고, 대전 사람도 아님을 알 수 있습니다. 이를 표로 나타내면 〈표 1〉과 같습니다.

지역＼이름	A	B	C	D	E	F
서울	×	×				
수원					×	
춘천	×		×			
대전			×			
인천						
천안		×	×			×

<표 1>

➡

지역＼이름	A	B	C	D	E	F
서울	×	×	×		×	
수원	×		×		×	
춘천	×		×			
대전	○		×			
인천	×	×	○	×	×	×
천안	×	×	×		×	×

<표 2>

문제의 조건 1, 2, 3에서 E는 교사이므로 서울 사람이 아니고, C는 설계사라고 하였으므로 C는 서울이나 수원 사람이 아님을 알 수 있습니다. 또 A는 의사이므로 수원 사람이 아니고, 천안 사람은 설계사라고 하였으므로 A와 E는 천안 사람이 아닙니다. 이를 〈표 2〉에 나타냈더니 C는 인천 사람이고, A는 대전 사람임을 알 수 있습니다.

같은 방법으로 따져 보면 D는 천안 사람임을 알 수 있습니다. 해당 사항이 없는 곳에 ×표를 하면 E는 춘천 사람이고, 다시 해당 사항이 없는 곳에 ×를 하면 B는 수원 사람, F는 서울 사람임을 알 수 있습니다.

지역 \ 이름	A	B	C	D	E	F
서울	×	×	×	×	×	○
수원	×	○	×	×	×	×
춘천	×	×	×	×	○	×
대전	○	×	×	×	×	×
인천	×	×	○	×	×	×
천안	×	×	×	○	×	×

<표 3>

이를 직업과 관련지으면 다음과 같습니다.

A는 대전 사람이고, 의사이다.

B는 수원 사람이고, 교사이다.

C는 인천 사람이고, 설계사이다.

D는 천안 사람이고, 설계사이다.

E는 춘천 사람이고, 교사이다.

F는 서울 사람이고, 의사이다.

아주 복잡한 문제를 표로 정리하였더니 쉽게 파악할 수 있었지요? 이것이 바로 표 만들기 전략의 효과입니다.

표 만들기 전략은 규칙 찾기 등 다른 전략과 함께 사용되기도 합니다. 다음 문제를 해결하여 봅시다.

쏙쏙 문제 풀기 3

세로 길이가 가로 길이의 2배인 직사각형이 있다. 이 직사각형의 둘레가 120m라고 한다면 가로와 세로의 길이는 각각 얼마인가?

예상과 확인하기 전략을 사용하여 해결할 수도 있지만 규칙 찾기 전략이 효과적입니다. 규칙을 쉽게 찾으려면 가로와 세로, 둘레 사이의 관계를 표로 나타내면 됩니다.

세로 길이는 가로 길이의 2배이므로 가로의 길이가 1이면 세로의 길이는 2이고 둘레는 6이 됩니다. 또 가로의 길이가 2이면 세로의 길이는 4이고 둘레는 12가 됩니다. 이를 표로 나타내면 다음과 같습니다.

가로	1	2	3	4	5	6	7	……	?
세로	2	4	6	8	10	12	14	……	?
둘레	6	12	18	24	30	36	42	……	120

이 문제는 둘레가 120일 때 가로와 세로의 길이를 구하는 것입니다. 문제를 서둘러 풀기 전에 둘레가 어떻게 변하는지 살펴보면 일정한 규칙이 있음을 알 수 있습니다. 그렇다면 가로의 길이와 둘레의 관계를 살펴봅시다.

6,	12,	18,	24,	30,	……,	120
6×1	6×2	6×3	6×4	6×5		6×?

가로의 길이가 1일 때 둘레는 6＝6×1, 가로의 길이가 2일 때 둘레는 12＝6×2, ……입니다. 둘레가 120이 되려면 가로의 길이는 6×□＝120에서 □＝20입니다. 따라서 가로의 길이가 20이면 세로의 길이는 40이고, 둘레는 120입니다.

이제까지 표 만들기 전략에 대하여 공부하였습니다. 문제에 나타난 정보를 표에 나타내면 정보 사이의 관계가 뚜렷해지고, 규칙을 찾기가 쉬워집니다.

이 밖에도 신문이나 잡지, TV 등 우리 생활에서 표가 널리 사용되고 있습니다. 따라서 우리는 정보를 표로 작성할 수 있어야 하며, 표를 읽고 해석할 수도 있어야 합니다.

오늘은 여기까지입니다. 여러분, 다음 시간에 만나요.

수업 정리

❶ 표는 내용을 이해하기 쉽도록 일정한 형식에 따라 내용을 정리한 것입니다.

❷ 표의 가로와 세로에 들어갈 항목을 정하고, 관련된 내용을 정리합니다.

예)

종목 / 이름				

❸ 표에 나타난 내용을 보고 그들 사이의 관계를 파악합니다.

예) 둘레는 가로 길이의 6배이다. 둘레는 세로 길이의 3배이다.
가로와 세로 길이의 합에 2를 곱하면 둘레가 된다 등.

가로의 길이	1	2	3	4	5
세로의 길이	2	4	6	8	10
둘레	6	12	18	24	30

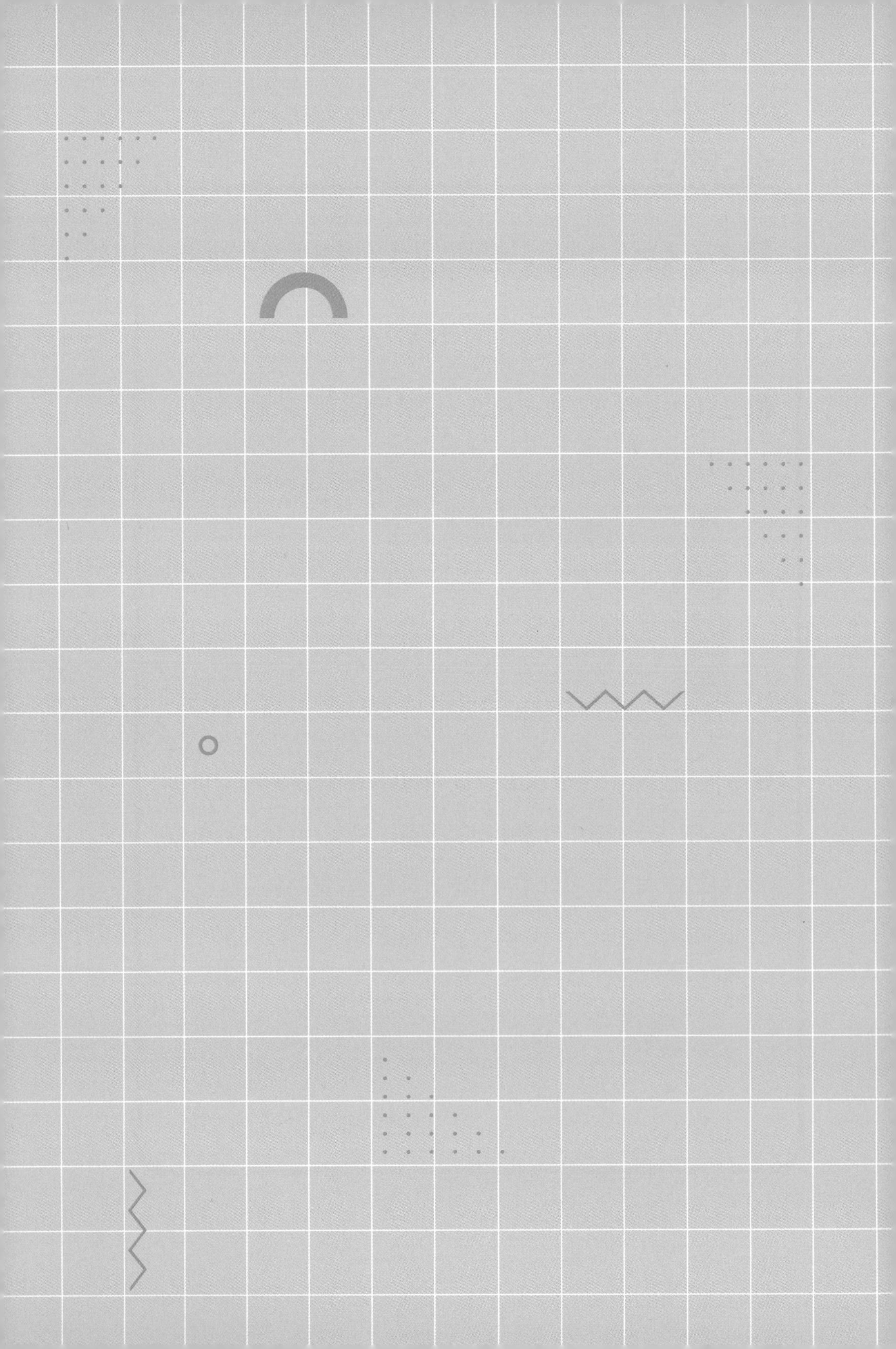

6교시

간단히 하여 풀기

복잡한 문제를 간단한 문제로 만들어 해결합니다.

수업 목표

1. 복잡한 문제를 간단한 문제로 만들 수 있습니다.
2. 간단한 문제를 해결한 방법을 원래 문제에 적용하여 해결할 수 있습니다.

미리 알면 좋아요

복잡한 문제 문제의 규모가 큰 문제이거나 어려운 수를 사용한 문제를 말합니다.

· 복잡한 문제를 간단한 문제로 만들기

복잡한 문제: 자연수 5000부터 10000까지의 합을 구하시오.
간단한 문제: 자연수 5부터 10까지의 합을 구하시오.

복잡한 문제: 무게가 $13\frac{3}{5}$kg인 곡식의 양이 7.58L라고 합니다. 이 곡식 1L의 무게는 얼마입니까?
간단한 문제: 무게가 4kg인 곡식의 양이 2L라고 합니다. 이 곡식 1L의 무게는 얼마입니까?

폴리아의 여섯 번째 수업

간단히 하여 풀기 전략은 문제의 규모가 크거나 제시된 수가 분수나 소수여서 정보 사이의 관계를 파악하기 어려울 때 효과적으로 사용할 수 있는 전략입니다.

다시 말해 문제의 규모가 큰 경우, 이를 간단한 문제로 만들거나 몇 개 부분으로 쪼개어 해결한 다음, 그 방법을 원래의 문제에 적용하여 해결하는 것입니다. 또 제시된 수가 분수나 소수일 때는 간단한 자연수로 고쳐서 해결 방법을 알아낸 다음,

그 방법을 원래의 문제에 적용하여 해결하는 것입니다.

다음 문제를 해결하여 봅시다.

쏙쏙 문제 풀기 1

> 7×7에서 마지막 두 자리 수는 49이고, $7 \times 7 \times 7$에서 마지막 두 자리 수는 43이다. 같은 방법으로 7을 200번 곱하였을 때, 마지막 두 자리 수를 구하시오.

7을 200번 곱하였을 때 마지막 두 자리 숫자를 구하는 문제인데 설마 7을 200번 곱하여 답을 구하는 사람은 없겠지요? 7을 200번을 곱한다는 것은 문제의 규모가 큰 경우입니다. 이럴 때에는 문제를 간단하게 만들어 해결할 방안이 무엇인지를 알아보아야 합니다.

7을 2번 곱하면 마지막 두 자리 수는 49

7을 3번 곱하면 마지막 두 자리 수는 43

7을 4번 곱하면 마지막 두 자리 수는 01

7을 5번 곱하면 마지막 두 자리 수는 07

7을 6번 곱하면 마지막 두 자리 수는 49

7을 7번 곱하면 마지막 두 자리 수는 43

⋮

200번을 곱하기 전에 문제의 크기를 작게 만들어 마지막 두 자리 수를 살펴보았더니 규칙이 있음을 알았습니다. 이 규칙을 200번 곱하기에 적용하여 봅시다. 2번, 3번, …… 곱해서 처음부터 그 값을 하나하나 따져 보아도 되겠지만 200에 초점을 맞추면 5번 곱하기부터 따지는 것이 더 편리하겠지요? 이런 융통성사고의 유연성이 있을 때 곧 '수 감각이 발달하여 있다.'라고 하는 것입니다. 마지막 두 자리 수는 07, 49, 43, 01, …… 이렇게 네 개씩 반복됩니다. 200은 4의 배수이므로 7을 200번 곱하였을 때 마지막 두 자리 수는 01입니다.

이처럼 간단히 하여 풀기 전략은 문제의 규모를 작게 만들어 규칙을 찾고, 그 규칙을 처음의 문제에 적용하는 방법입니다. 여러분은 이런 방법이 규칙 찾기 전략과 비슷하다는 것을 느꼈을 것입니다.

이번에는 문제를 작은 부분으로 쪼개어 해결하는 방법을 알아봅시다.

쏙쏙 문제 풀기 2

한 변의 길이가 200m인 정사각형 모양의 땅에 2m 간격으로 나무를 심으려고 한다. 나무는 몇 그루가 필요한가?

이 문제를 해결하기 위하여 먼저 떠오르는 전략은 그림 그리기입니다. 그림을 그려 보면 문제 해결의 실마리를 찾을 수 있을지 모릅니다. 그런데 한 변의 길이가 200m인 정사각형을 그린 다음, 이를 2m 간격으로 나누는 일이 그리 쉬운 일은 아닙니다. 그 이유는 문제의 규모가 크기 때문입니다. 따라서 문제의 규모를 작게 만들어 볼 필요가 있습니다.

한 변의 길이가 2m인 정사각형 모양의 땅에 나무를 심으려면 몇 그루가 필요한지 알아봅시다. 문제의 규모가 작으니까 쉽게 알 수 있습니다. 4그루가 필요합니다. 이번에는 한 변이 4m인 정사각형 모양의 땅에 나무를 심으려면 몇 그루가 필요하겠습니까? 아래 그림에서 보는 바와 같이 9그루가 필요합니다. 또, 6m인 정사각형 모양의 땅에는 16그루가 필요합니다.

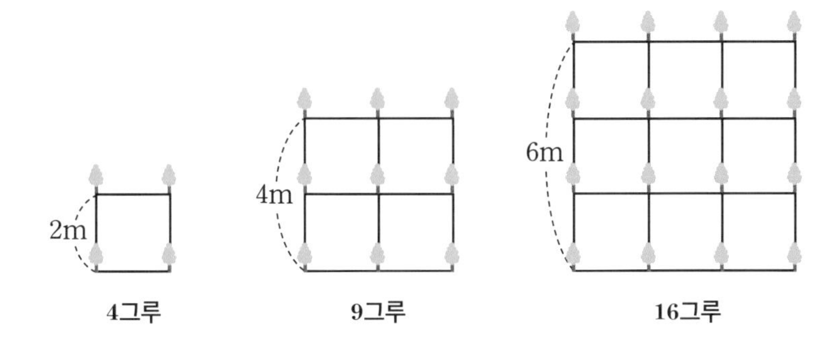

문제의 규모를 작게 하면 해결 방법을 쉽게 알아낼 수 있습니다. 위의 그림에 나타난 수들 사이에 규칙이 있다는 것을 직감적으로 알 수 있겠지요? 조금 더 자세하게 규칙을 알아보기 위해 다음과 같이 표를 만들었습니다.

한 변의 길이	2	4	6	8	……	200
한 변에 심을 나무 수	2	3	4	5	……	?
전체 나무 수	4	9	16	25	……	?

그런 다음 표에서 한 변에 심을 수 있는 나무 수와 전체 나무 수 사이에 어떤 관계가 있는지 알아내야 할 것입니다.

$$2 \rightarrow 4,\ 3 \rightarrow 9,\ 4 \rightarrow 16,\ 5 \rightarrow 25,\ \cdots\cdots$$

2를 사용하여 4를, 3을 사용하여 9를, 4를 사용하여 16을, 5를 사용하여 25를 만드는 방법이 무엇일까요? 여기에는 어떤 규칙이 있을까요?

$$2 \times 2 = 4,\ 3 \times 3 = 9,\ 4 \times 4 = 16,\ 5 \times 5 = 25,\ \cdots\cdots$$

'같은 수를 곱한다.'는 규칙이 있습니다. 그러면 한 변의 길이가 200m인 정사각형에서 한 변에 심을 수 있는 나무 수는 101그루입니다. 따라서 전체 나무 수는 $101 \times 101 = 10201$그루입니다.

조금 더 어려운 문제를 풀어 봅시다.

쏙쏙 문제 풀기 3

다음 그림과 같이 가로와 세로의 길이가 10인 모눈종이가 있다. 이 모눈종이에 정사각형을 모두 몇 개 그릴 수 있겠는가?

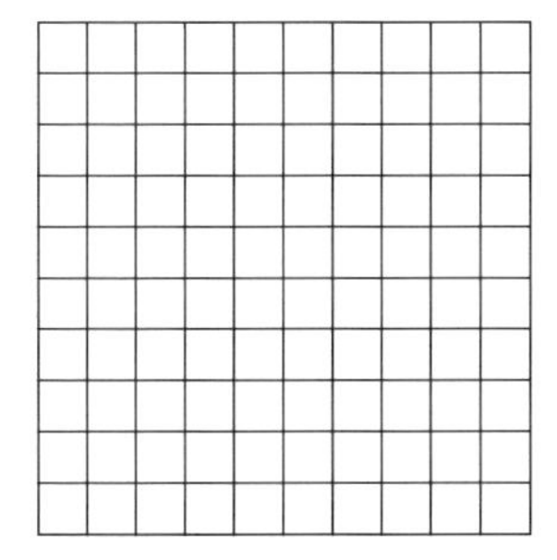

언뜻 생각하기에는 10×10이라고 생각하여 100이라고 대답하기 쉽습니다. 또는 큰 정사각형을 포함하여 101개라고 대답하기도 합니다. 그러나 모눈종이에는 우리도 생각하지 못한 크고 작은 정사각형이 매우 많이 있습니다.

이 문제 역시 규모가 매우 커서 한 번에 해결하기 어렵습니다. 이 문제를 작게 만들어 해결할 수 있는 실마리를 찾아봅시다.

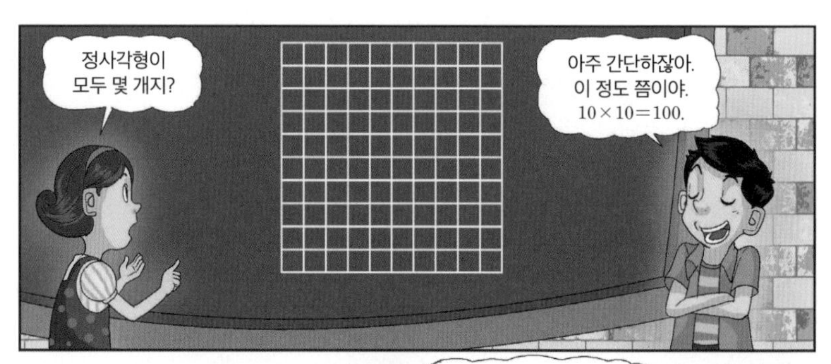

한 변의 길이가 1인 모눈종이라면 정사각형을 1개 그릴 수 있고, 2인 모눈종이라면 5개를 그릴 수 있습니다.

한 변의 길이가 3인 모눈종이에서 정사각형을 몇 개 그릴 수 있는지 알아보려면 좀 더 체계적으로 생각해야 합니다. 무턱대고 정사각형 수를 세는 것은 중복되거나 빠지는 경우가 있어 계산을 그르치기 쉽습니다. 이것은 수학적인 방법이 아닙니다. 다시 말하자면 한 변의 길이에 따라 정사각형을 몇 개 그릴 수 있는지 알아보는 것이 체계적이고, 수학적인 방법입니다.

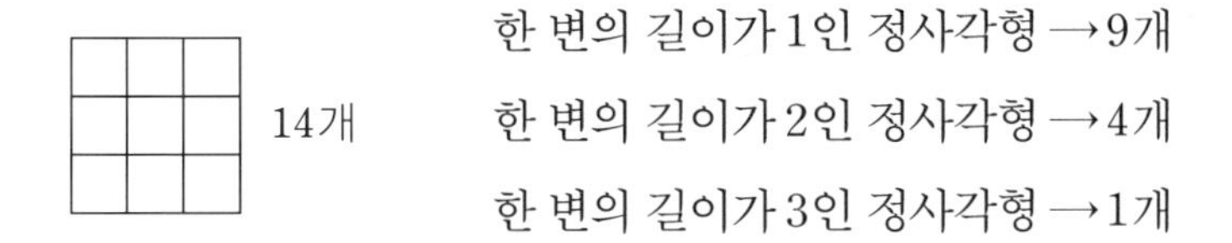

위에서 알 수 있듯이 한 변의 길이가 3인 모눈종이에는 정사각형을 14 1+4+9=14개 그릴 수 있습니다.

1개, 5개, 14개…… 사이에서 어떤 규칙이 있음을 알아차렸나요? 아직 잘 모르겠다면 한 단계 더 나아가 봅시다.

한 변의 길이가 4인 모눈종이에 정사각형을 몇 개 그릴 수 있는지를 수학적으로 알아봅시다.

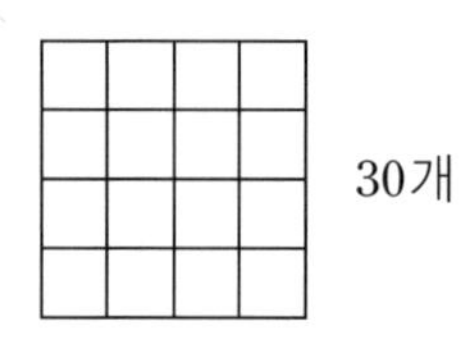

한 변의 길이가 1인 정사각형 → 16개
한 변의 길이가 2인 정사각형 → 9개
한 변의 길이가 3인 정사각형 → 4개
한 변의 길이가 4인 정사각형 → 1개

한 변의 길이가 4인 모눈종이에는 정사각형을 모두 30 1+4+9+16=30개 그릴 수 있습니다.

1, 4, 9, 16에 어떤 규칙이 있는지 알아차렸나요? 직관적으로 찾아냈다면 여러분은 수학적으로 아주 우수한 능력을 갖춘 학생입니다. 여기에는 다음과 같은 규칙이 숨어 있습니다.

$$1=1\times1,\ 4=2\times2,\ 9=3\times3,\ 16=4\times4$$

위의 규칙에 따르면, 한 변의 길이가 5인 모눈종이에는 55 $1+2\times2+3\times3+4\times4+5\times5$개의 정사각형을 그릴 수 있습니다. 따라서 한 변의 길이가 10인 모눈종이에 그릴 수 있는 정사각형의 수는 다음과 같이 구합니다.

$$1+2\times2+3\times3+4\times4+5\times5+\cdots\cdots+9\times9+10\times10$$
$$=1+4+9+16+\cdots\cdots+81+100=385$$

모두 385개를 그릴 수 있습니다.

이번에는 간단한 수를 이용하여 복잡한 문제를 간단하게 만들어 보는 방법을 알아보겠습니다. 다음 문제를 해결하여 봅시다.

쏙쏙 문제 풀기 4

길이 $2\frac{2}{5}$m의 무게가 9.6kg인 철근이 있다. 같은 철근 3.5m의 무게는 얼마인가?

문제는 쉽게 이해하겠는데 어떻게 답을 구해야 하는지 뚜렷하지 않습니다. 사용된 수가 복잡하기 때문입니다. 이를 간단한 자연수로 바꾸어 봅시다.

2m의 무게가 6kg인 철근이 있다. 같은 철근 4m의 무게는 얼마인가?

이제 해결하는 방법이 떠올랐지요? 2m의 무게가 6kg이면 1m의 무게는 $6 \div 2 = 3$kg임을 쉽게 알 수 있습니다. 1m의 무게가 3kg이라면 4m의 무게는 $3 \times 4 = 12$kg입니다.

똑같은 방법으로 원래 문제를 해결하여 봅시다. $6 \div 2$를 계산하여 1m의 무게를 구하였으므로 $9.6 \div 2\frac{2}{5}$를 계산하면 1m의 무게를 다음과 같이 구할 수 있습니다.

$$9.6 \div 2\frac{2}{5} = \frac{96}{10} \div \frac{12}{5} = \frac{96}{10} \div \frac{24}{10} = \frac{96}{10} \times \frac{10}{24} = 4$$

1m의 무게가 4kg이므로 3.5m의 무게는 $3.5 \times 4 = 14$kg라는 것을 알 수 있습니다.

문제에 사용된 수가 복잡할수록 문제의 구조를 이해하기 어렵습니다. 이럴 때 간단한 자연수를 사용하면 쉽게 문제를 이해할 수 있으며, 좋은 해결 방법도 떠오르게 됩니다.

다음 문제를 해결하여 봅시다.

쏙쏙 문제 풀기 5

다음 ○ 안에 알맞은 수를 구하시오.

$30 \div \{2 \times (5+3) - 24 \div (15+\bigcirc)\} = 2$

아주 복잡하지요? 그런데다 구하고자 하는 ○는 문제의 한가운데 있어서 어떻게 해야 할지 당황하게 되지요?

이처럼 문제가 복잡하다고 생각될 때에는 문제를 간단하게 만드는 방법이 있는지 탐색하는 것이 좋습니다.

○가 포함된 부분을 □라고 하면 문제는 아주 간단해집니다. 즉,

$$30 \div \{2 \times (5+3) - 24 \div (15+\bigcirc)\} = 2$$

$$30 \div \square = 2$$

따라서 □는 15이고, 문제는 $2 \times (5+3) - 24 \div (15+\bigcirc) = 15$로 바뀝니다. 이 식을 다시 정리하면 다음과 같습니다.

$$2 \times (5+3) - 24 \div (15+\bigcirc) = 15$$

$$16 - 24 \div (15+\bigcirc) = 15$$

다시 ○가 포함된 부분을 □라고 하면 다음과 같습니다.

$$16 - \boxed{24 \div (15+\bigcirc)} = 15$$

$$16 - \square = 15$$

따라서 □는 1이고, 문제는 다시 $24 \div (15+\bigcirc) = 1$로 바뀝니다. 또 ○가 포함된 부분을 □라고 하면 다음과 같습니다.

$$24 \div \boxed{(15+\bigcirc)} = 1$$

$$24 \div \square = 1$$

따라서 □는 24이고, 문제는 다시 $15+\bigcirc=24$로 바뀝니다.

이제 우리가 구하고자 하는 ○의 수를 구할 수 있습니다. ○는 9입니다.

이번에는 중학교 과정의 연립방정식 문제를 해결해 봅시다.

쏙쏙 문제 풀기 6

다음 식에서 x, y의 값을 구하시오.

$$\begin{cases} \dfrac{1}{x+y}+\dfrac{1}{x-y}=8 \\ \dfrac{60}{x+y}+\dfrac{70}{x-y}=530 \end{cases}$$

한눈에 보아도 아주 복잡한 문제라고 느꼈을 것입니다. 분수이고, 더군다나 미지수가 분모에 있어서 해결하기가 만만치 않습니다. 이럴 때 간단히 하여 풀기 전략을 사용하는 것입니다. 문제를 간단하게 만드는 방법을 생각하여 봅시다.

$\dfrac{1}{x+y}=\mathrm{A}$, $\dfrac{1}{x-y}=\mathrm{B}$라고 하면 이 문제는,

$$\mathrm{A}+\mathrm{B}=8$$

$$60\mathrm{A}+70\mathrm{B}=530$$

으로 바뀝니다이런 방법을 '치환'이라고 합니다.

연립방정식을 풀면 $A=3, B=5$입니다.

$$\frac{1}{x+y}=3, \ \frac{1}{x-y}=5$$

입니다. 이 식을 다시 정리하면,

$$x+y=\frac{1}{3}$$
$$x-y=\frac{1}{5}$$

이 방정식을 다시 풀면, $x=\frac{4}{15}$, $y=\frac{1}{15}$입니다.

주어진 문제가 복잡할 때는 당황해하지 않아도 됩니다. 이럴 때 문제를 여러 부분으로 쪼개거나 간단한 자연수로 문제를 간단하게 만들어 보세요. 그렇게 하면 해결 방법이 떠오르게 됩니다.

그럼 다음 시간까지 안녕.

수업 정리

❶ 복잡하거나 문제의 규모가 클 때에는 문제를 간단하게 만들어 해결합니다.

❷ 복잡한 문제

$\frac{1}{x+y}+\frac{1}{x-y}=8$, $\frac{60}{x+y}+\frac{70}{x-y}=530$일 때, x, y의 값을 구하시오.

→ $\frac{1}{x+y}=\mathrm{A}$, $\frac{1}{x-y}=\mathrm{B}$라고 하면치환 간단한 문제로 변신!

$30\div\{2\times(5+3)-24\div(15+○)\}=2$에서 ○의 값 구하시오.

→ $\{2\times(5+3)-24\div(15+○)\}=□$라고 하면 $30\div□=2$의 문제로 변신!

$2\frac{2}{5}$m의 무게가 9.6kg인 철근이 있다. 같은 철근 3.5m의 무게는 얼마인가?

→ 분수나 소수를 간단한 자연수로 바꿉니다.

❸ 규모가 큰 문제

한 변의 길이가 200m인 정사각형 모양의 땅에 2m 간격으로 나무를 심으려고 한다. 나무는 몇 그루가 필요한가?

→ 한 변의 길이가 2m인 정사각형인 문제로 만듭니다.

7을 200번 곱하였을 때, 마지막 두 자리 수를 구하시오.

→ 2번, 3번, 4번을 곱하여 어떤 규칙이 있는지 알아보면 문제가 간단해집니다.

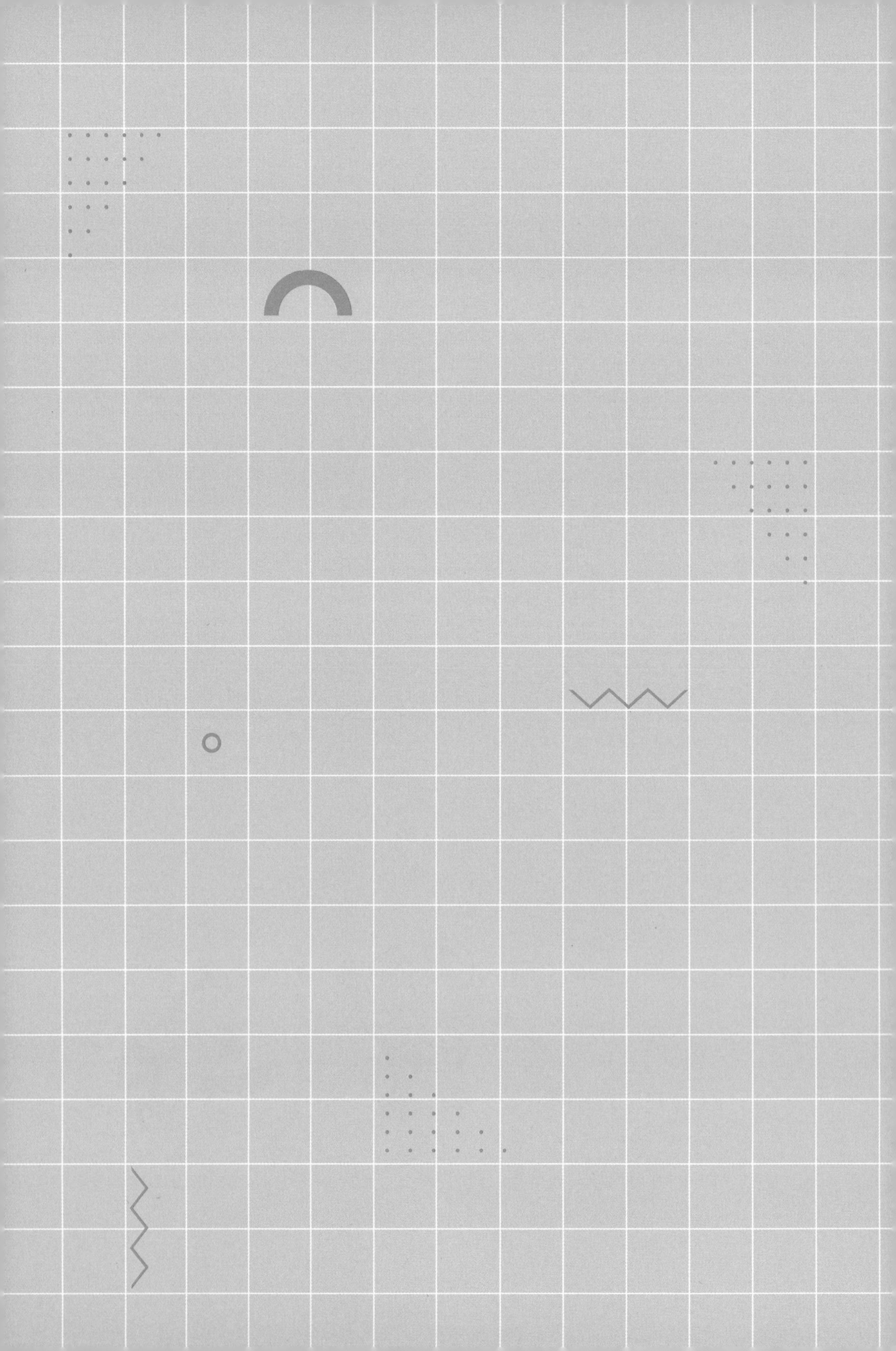

7교시

거꾸로 풀기

거꾸로 거슬러 올라가 문제를 해결합니다.

수업 목표

1. 과정을 거슬러 올라가 원인을 찾는 거꾸로 풀기를 할 수 있습니다.
2. 역연산을 할 수 있습니다.

미리 알면 좋아요

역연산 '어떤 수에 5를 더하였다.'를 되돌리면, '그 값에서 5를 뺐다.'입니다. 이처럼 연산을 되돌리는 것을 역연산이라고 합니다.

2에 4를 더하였더니 6이 되었다.
역연산 ➡ 6에서 4를 빼면 2가 된다.

2와 4를 모으면 6이다.
역연산 ➡ 6을 가르면 2와 4가 된다.

$2+4=6$ ←역연산→ $6-4=2$ 또는 $6-2=4$
$8-3=5$ ←역연산→ $5+3=8$
$4\times3=12$ ←역연산→ $12\div3=4$ 또는 $12\div4=3$
$20\div4=5$ ←역연산→ $5\times4=20$

폴리아의 일곱 번째 수업

여러분은 TV로 축구 경기를 볼 때, 골이 어떻게 들어갔는지, 어떻게 해서 반칙이 일어났는지를 알아보기 위하여 화면을 거꾸로 돌려서 확인하는 장면을 보았을 것입니다.

어떤 사건이 '시작 → 과정 → 결과'로 일어났다면 이를 거꾸로 돌리면 사건의 '결과 → 과정 → 시작'이 될 것입니다. 그래서 우리는 처음의 상태를 알 수 있습니다. 거꾸로 풀기 전략은 마치 화면을 거꾸로 돌리는 것과 같습니다.

문제를 가정과 결론 부분으로 나눈다면 문제 대부분은 결론이 무엇인지를 먼저 묻습니다. 하지만 종종 가정이 무엇이었는지 물을 때도 있습니다. 예를 들면, '상자에 사과가 있었는데 10개를 더 넣었더니 25개가 되었다면 상자에는 사과가 몇 개 있었는가?', '어떤 수에 5를 곱하고 9를 더하였더니 29가 되었다면 어떤 수는 얼마인가?' 등의 문제가 처음의 상황을 묻는 문제입니다. 이런 문제를 해결하기 위해서는 거꾸로 풀기 전략이 효과적입니다. 중학생이라면 방정식으로 간단하게 해결할 수 있겠지만, 방정식을 모른다면 해결하기 어렵습니다. 하지만 거꾸로 풀기 전략을 사용하면 쉽게 해결할 수 있습니다.

거꾸로 풀기를 한자로 나타내면 역연산逆演算이라고 합니다. 이 용어의 뜻을 먼저 알아봅시다. '어떤 수에 5를 더하였더니 9가 되었다.'에서 이를 처음의 상태로 되돌려 놓으려면 어떻게 해야 하는지 생각하여 봅시다. 5를 더하여 9가 되었으므로 9에서 5를 빼면 처음의 상태로 되돌아갑니다. 이런 상황을 역연산거꾸로 풀기이라고 합니다.

어떤 수에 5를 더하였더니 9가 되었다.

$\square+5=9$

(거꾸로 풀기－역연산) 9에서 5를 빼면 어떤 수처음 상태가 된다.

$9-5=\square$

역연산의 예를 더 들어 보겠습니다.

어떤 수를 5로 나누었더니 8이 되었다. $\xleftrightarrow{\text{역연산}}$ 8에 5를 곱하면 어떤 수처음 상태가 된다.

$$\square\div5=8 \xleftrightarrow{\text{역연산}} 8\times5=\square$$

20을 어떤 수로 나누었더니 5가 되었다. $\xleftrightarrow{\text{역연산}}$ 5에 어떤 수를 곱하면 20이 된다.

$$20\div\square=5 \xleftrightarrow{\text{역연산}} 5\times\square=20$$

어떤 수에 $\frac{1}{3}$을 곱하였더니 24이다. $\xleftrightarrow{\text{역연산}}$ 24를 $\frac{1}{3}$로 나누면 어떤 수처음 상태가 된다.

$$\square\times\frac{1}{3}=24 \xleftrightarrow{\text{역연산}} 24\div\frac{1}{3}=\square$$

이제 거꾸로 풀기역연산의 의미를 이해할 수 있겠지요? 그럼, 거꾸로 풀기 전략을 사용하여 문제를 풀어 보겠습니다.

쏙쏙 문제 풀기 1

철수는 학용품을 사는 데 560원을 썼고, 아이스크림을 사는 데 남은 돈의 $\frac{1}{3}$을 썼더니 360원이 남았다. 처음에 가지고 있던 돈은 얼마인가?

문제는 처음의 돈을 구하는 것이므로 뒤에서부터 거꾸로 거슬러 올라가면 처음의 돈을 구할 수 있습니다.

처음의 돈 ⇄ 560원 썼다 ⇄ 남은 돈의 $\frac{1}{3}$을 썼다 ⇄ 360원 남았다

1. 아이스크림을 사기 전에 가지고 있던 돈이 얼마인지 알아봅시다.
   남은 돈의 $\frac{1}{3}$로 아이스크림을 샀더니 360원이 남았으므로 남은 돈의 $\frac{2}{3}$는 360원입니다. 따라서 아이스크림을 사기 전에는 540원을 가지고 있었음을 알 수 있습니다. 그림

그리기 전략을 사용하면 쉽게 알 수 있습니다.

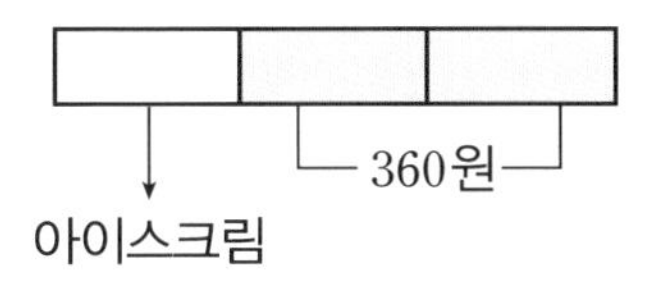

2. 이제는 학용품을 사기 전에 가지고 있던 돈이 얼마인지 알아봅시다.

아이스크림을 사기 전에는 540원을 가지고 있었습니다. 540원은 560원으로 학용품을 사고 남은 돈입니다. 따라서 학용품을 사기 전에는 1100원을 가지고 있었다는 것을 알 수 있습니다.

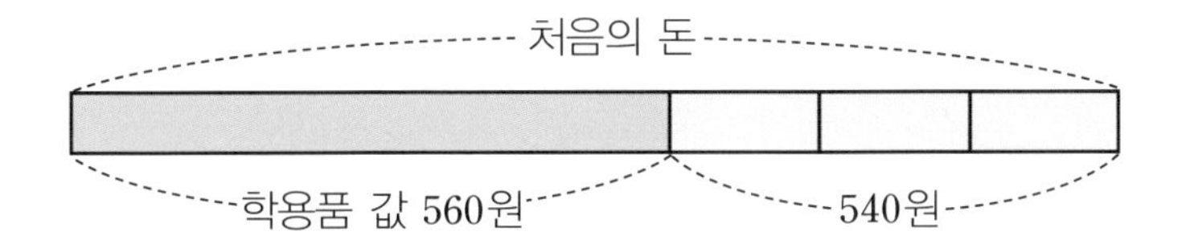

좀 더 어려운 문제를 해결하여 봅시다.

쏙쏙 문제 풀기 2

마법의 성에 있는 놀이기구를 타려면 입장료를 내야 한다. 철수는 첫째 놀이기구에서 가진 돈의 $\frac{1}{5}$을 냈고, 둘째 놀이기구에서는 600원을 냈다. 셋째 놀이기구에서는 남은 돈의 $\frac{1}{4}$과 750원을 냈다. 넷째 놀이기구에서는 남은 돈의 $\frac{5}{6}$를 냈더니 1000원이 남았다. 철수가 처음에 가지고 있던 돈은 얼마인가?

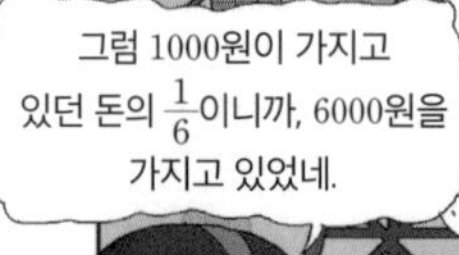

이 문제는 앞의 문제보다 1~2단계가 더 있을 뿐 문제의 구조는 같습니다. 따라서 해결 방법도 같습니다. 거꾸로 거슬러 올라가면서 처음에 가지고 있었던 돈이 얼마인지 알아봅시다.

1. 넷째 놀이기구를 타기 전에 가지고 있던 돈을 구하여 봅시다. 넷째 놀이기구에서 가지고 있던 돈의 $\frac{5}{6}$를 냈더니 1000원이 남았다고 하였으므로 타기 전에 가지고 있던 돈은 6000원입니다.

넷째 놀이기구를 타기 전

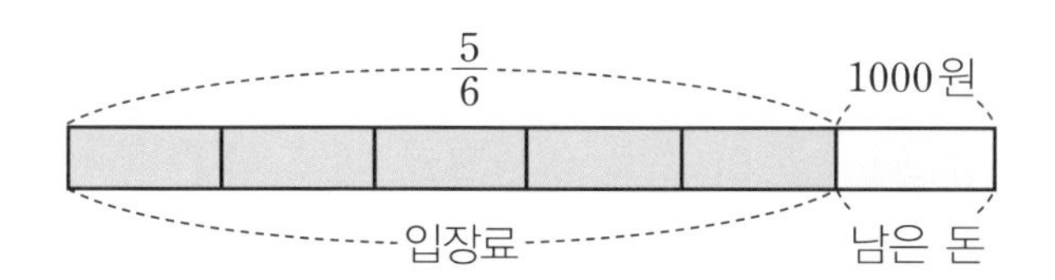

2. 셋째 놀이기구를 타기 전에 가지고 있던 돈을 구하여 봅시다. 셋째 놀이기구에서 가지고 있던 돈의 $\frac{1}{4}$과 750원을 내고 남은 돈이 6000원이었으므로 타기 전에 가지고 있던 돈은 9000원입니다.

셋째 놀이기구를 타기 전

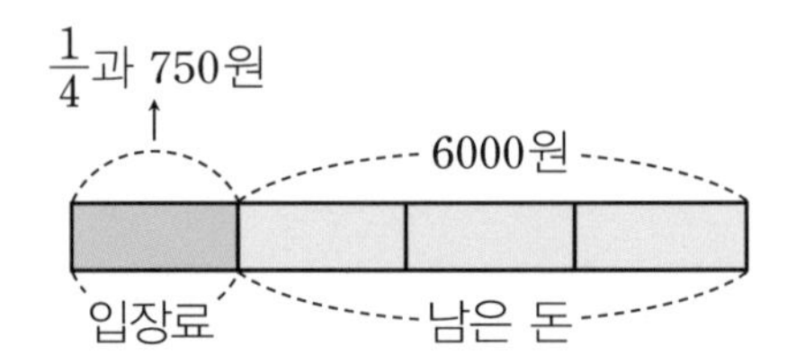

3. 둘째 놀이기구를 타기 전에 가지고 있던 돈을 구하여 봅시다. 둘째 놀이기구에서 600원 내고 남은 돈이 9000원이었으므로 타기 전에는 9600원을 가지고 있었습니다.
4. 처음에(첫째 놀이기구를 타기 전) 가지고 있던 돈을 구하여 봅시다. 가지고 있던 돈의 $\frac{1}{5}$을 입장료로 내고 남은 돈이 9600원이었으므로 처음에 가지고 있던 돈은 12000원이었습니다.

첫째 놀이기구를 타기 전

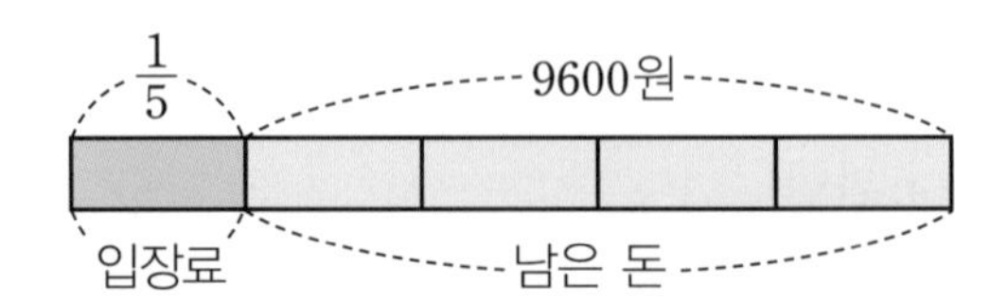

인도는 먼 옛날부터 수학이 아주 발달하였습니다. 우리가 현재 사용하는 숫자도 인도에서 만들어진 것입니다. 인도에서는 수학 문제를 시로 나타냈습니다. 다음 문제는 12세기 인도의 수학자 바스카라 2세가 지은《릴라바티》라는 책에 실린 시입니다.

쏙쏙 문제 풀기 3

반짝이는 눈동자의 아가씨, 역연산의 방법을 알고 있나요? 어떤 수가 있는데 그 수를 3배하고, 그 값의 $\frac{3}{4}$을 더합니다. 다음에 7로 나누고, 그 몫의 $\frac{1}{3}$을 빼고, 그 값을 제곱합니다. 다시 52를 뺀 다음, 그 수의 제곱근에 8을 더합니다. 그리고 10으로 나누면 2가 됩니다. 어떤 수는 얼마인가요?

거꾸로 풀기 전략을 사용하여 해결하여 봅시다.

1. '10으로 나누면 2'가 되었으므로 나누기 전에는 20입니다.
2. '제곱근에 8을 더하였으므로' 8을 빼면 12이고, 이를 제곱하면 144입니다.
3. '52를 뺀' 수가 144이므로 빼기 전에는 196입니다.
4. '제곱한' 수가 196이므로 제곱하기 전에는 14입니다.
5. '그 몫의 $\frac{1}{3}$을 뺀' 수가 14이므로 빼기 전의 몫은 21입니다.

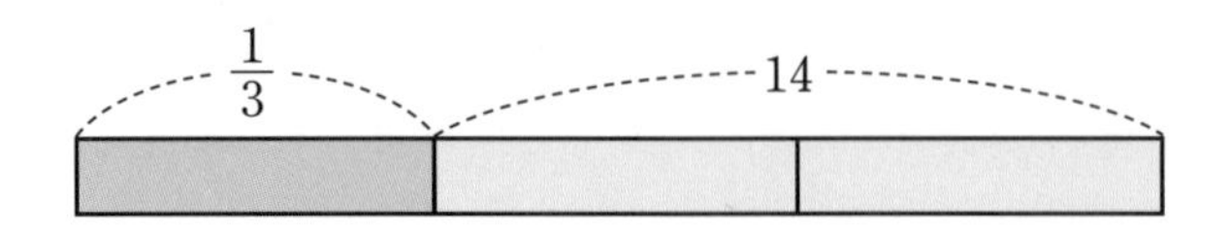

6. '7로 나눈 수'가 21이므로 나누기 전에는 147입니다.

7. '그 값의 $\frac{3}{4}$을 더한 수'가 147이므로 더하기 전에는 84입니다7칸이 147이므로 1칸은 21, 따라서 더하기 전의 수는 84임.

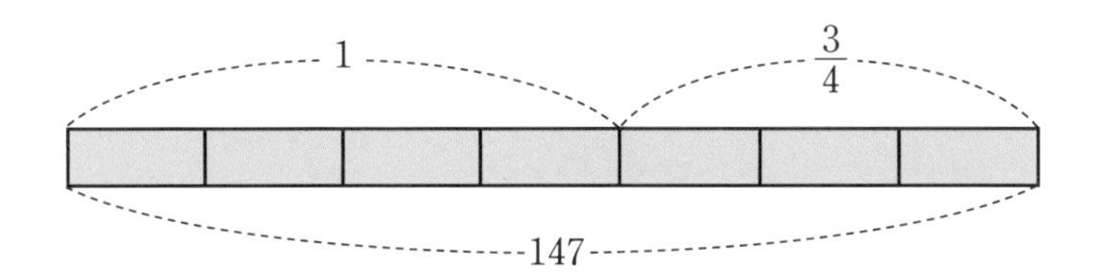

8. '3배 한 수'가 84이므로 3배 하기 전에는 28입니다.

따라서 처음의 수는 28입니다.

이번 문제 역시 인도의 수학책에 실려 있는 것입니다. 꽤 어려운 문제입니다만 거꾸로 풀기 전략을 사용한다면 충분히 해결할 수 있을 것입니다.

쏙쏙 문제 풀기 4

A, B, C 3사람이 원숭이 1마리를 기르고 있다. 어느 날 바나나 1상자를 사 왔다. A는 바나나 1개를 원숭이에게 주고, 나머지의 $\frac{1}{3}$을 가져갔다. 그런 사실을 모르는 B는 바나나 1개를 원숭이에게 주고, 나머지의 $\frac{1}{3}$을 가져갔다. 지금까지의 일을 전혀 모르는 C도 바나나 1개를 원숭이에게 주고 나머지의 $\frac{1}{3}$을 가

져갔다. 다음 날, 3사람이 함께 원숭이한테 가서 바나나 1개를 주고 나머지를 3명이 똑같이 나누었더니 한 사람이 7개를 가지게 되었다.

바나나 상자에는 바나나가 몇 개가 들어 있었는가?

맨 마지막부터 차례로 거슬러 올라가면서 문제를 해결하여 봅시다.

1. '3명이 똑같이 나누었더니 한 사람이 7개를 가졌으므로' 나누기 전에는 21개입니다.
2. '1개를 주고' 나서 바나나 개수가 21개였으므로 주기 전에는 22개입니다.
3. 'C가 $\frac{1}{3}$을 가져가서' 22개가 남았습니다. 이를 그림으로 나타내면 다음과 같습니다.

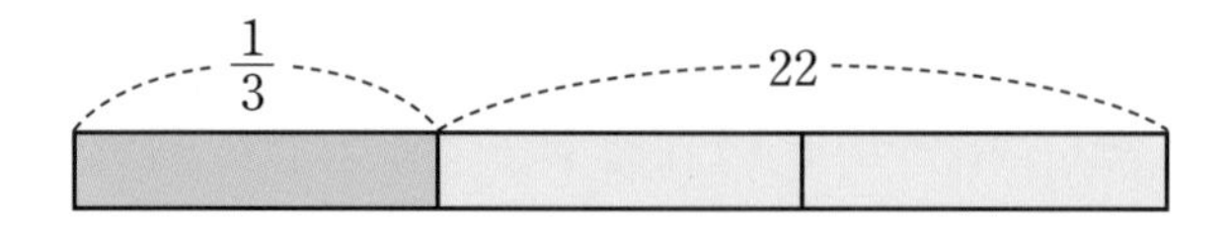

그림에서 2칸이 22이므로 1칸은 11이지요. 그럼 C가 가져가기 전에는 바나나가 33개입니다.

4. ‘C가 1개를 원숭이에게 주고’ 나서 바나나 개수가 33개였으므로 주기 전에는 34개입니다.
5. ‘B가 $\frac{1}{3}$을 가져가서’ 34개가 남았습니다. 이를 그림으로 나타내면 다음과 같습니다.

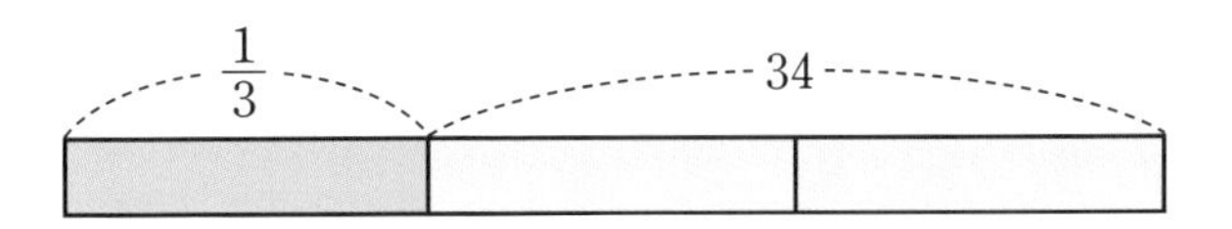

그림에서 2칸이 34이므로 1칸은 17이지요. 그럼 B가 가져가기 전에는 바나나가 51개입니다.

6. ‘B가 1개를 원숭이에게 주고’ 나서 바나나가 51개였으므로 주기 전에는 52개입니다.
7. ‘A가 $\frac{1}{3}$을 가져가서’ 52개가 남았습니다. 이를 그림으로 나타내면 다음과 같습니다.

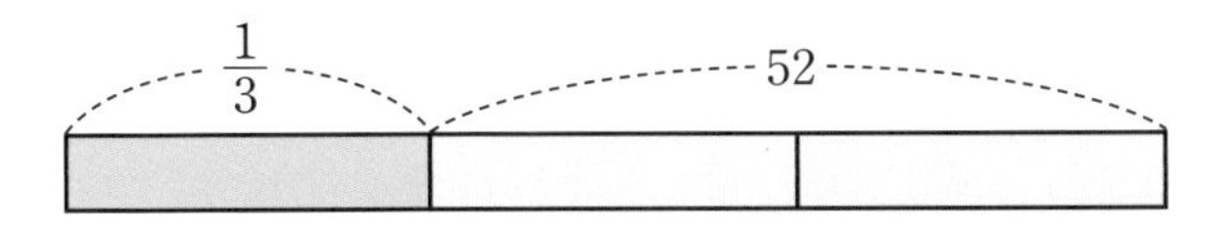

그림에서 2칸이 52이므로 1칸은 26이지요. 그럼 A가 가져가기 전에는 바나나가 78개입니다.

8. 'A가 1개를 원숭이에게 주고' 나서 바나나가 78개였으므로 주기 전에는 79개입니다.

따라서 상자에 담겨 있던 바나나는 79개입니다.

거꾸로 풀기 전략은 결과를 바탕으로 역연산을 통하여 맨 처음의 상태를 구할 때 사용하는 아주 유용한 전략입니다.

수업 정리

❶ 처음의 상태를 구하는 문제는 거꾸로 풀기 전략을 사용하여 해결합니다.

어떤 수를 5로 나누었더니 8이 되었다.
(처음의 상태) (연산 과정) (결과)

□÷5=8 ←역연산→ 8×5=□

❷ 역연산은 연산계산의 과정을 되돌리는 연산을 말합니다.

'어떤 수를 5로 나누었더니 8이 되었다.'를 되돌리면 '8에 5를 곱하면 □어떤 수가 된다.'.

□÷5=8 ←역연산→ 8×5=□

'12에서 어떤 수를 뺐더니 8이 되었다'를 되돌리면 '8에 어떤 수를 더하면 12가 된다.'.

12−□=8 ←역연산→ 8+□=12

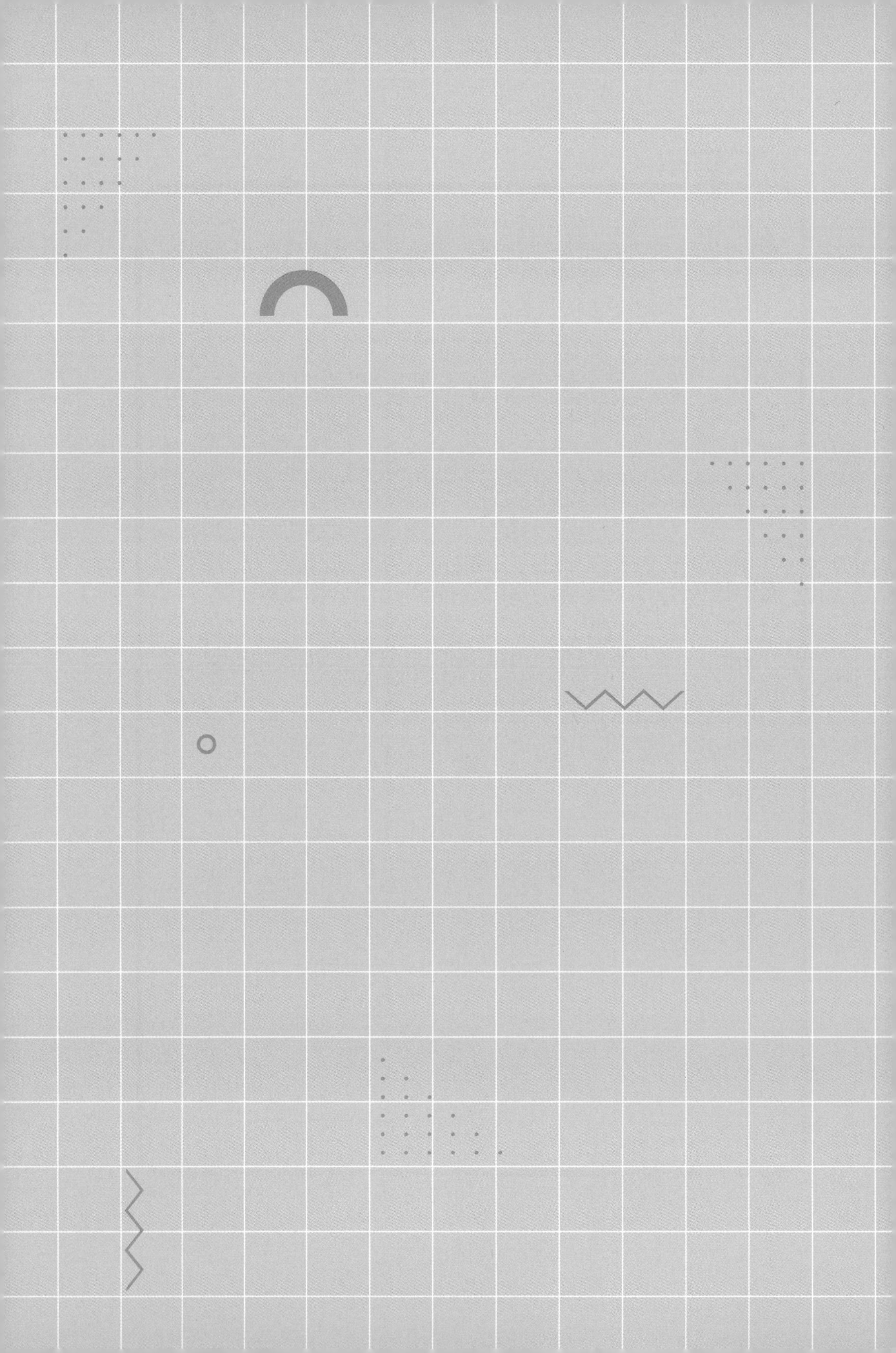

8교시

식 세우기

문제에 나타난 정보를 식으로 나타내어 해결합니다.

수업 목표

1. 문제를 식으로 나타낼 수 있습니다.
2. 나타낸 식에서 미지수를 구할 수 있습니다.

미리 알면 좋아요

1. **미지수** '모르는 수'라는 뜻인데 문제에서 구하려는 값을 가리킵니다.

2. 미지수, 구하고자 하는 값을 □, △ 또는 x, y 등으로 나타냅니다.

3. 문제에 나타난 정보들 사이에 어떤 관계가 있는지 살펴봅니다.

   6000원의 $\frac{1}{3}$ → $6000 \times \frac{1}{3}$

4. **시속** 1시간에 가는 거리, 즉 빠르기를 나타내는 단위입니다. 1분에 가는 거리를 **분속**, 1초에 가는 거리를 **초속**이라고 합니다. 4시간에 20km를 갔다면 시속 5km입니다.

폴리아의 여덟 번째 수업

이제 우리의 종착역에 가까워지고 있습니다. 첫 시간에 문제 해결을 위한 여러 전략 중에 가장 강력한 것은 식 세우기 전략이라고 말했습니다. 식만 세울 수 있다면 모든 문제를 해결할 수 있으며, 미래의 일도 예상할 수 있을 것입니다. 일기 예보를 위하여 수많은 자료를 입력하고, 가장 뛰어난 컴퓨터로 계산하지만 번번이 예상이 빗나가는 것은 식을 제대로 세우지 못했기 때문입니다.

수학을 배운다는 것은 우리 주위의 사물이나 현상을 수학적으로 관찰하고, 문제를 해결하기 위하여 필요한 정보를 수집·조직하고 분석하여 합리적으로 판단할 수 있는 능력을 기르는 것입니다. 이런 능력은 결국 식 세우는 능력을 개발하는 것으로 집약될 수 있습니다. 식 세우기가 수학 학습의 중요한 목표이고, 가장 효과적인 전략이라는 것을 알기 때문에 초등학교에 들어가자마자 문제를 풀 때 식을 쓰라고 요구하는 것입니다.

그럼에도 많은 학생이 식을 세우지 못하고 있습니다. 초등학교 때부터 배웠던 식을 세우지 못하는 것은 무엇 때문일까요? 여러 이유가 있겠지만 가장 중요한 것은 문제에 나타난 정보들 사이의 관계를 모르기 때문입니다.

정보 사이의 관계를 파악하는 것은 경험에 의해 이루어지거나 선생님이 가르쳐서 되는 일이 아니라 스스로 깨우쳐야 합니다. 예를 들어, 사과 2개와 배 5개가 있다고 합시다. 이때, '배가 사과보다 3개 더 많다.', '사과가 배보다 3개 적다.' 또는 '사과와 배를 합하면 7개이다.'라는 것을 알았다면 사과와 배의 관계를 파악한 것입니다. 우리는 문제를 읽으면서 문제에 나타난 정보 사이에 어떤 관계가 있는지를 파악해야 합니다. 삼각형의 넓이를 구하는 문제에서는 밑변과 높이가 주어집니다. 이때, 우리는 밑변, 높이, 넓이 사이의 관계를 알아야 식을 세울 수 있습니다.

자, 그럼 아주 간단한 문제부터 해결해 봅시다.

철수는 6000원의 $\frac{1}{3}$로 학용품을 샀다. 학용품값은 얼마인가?

구하자고 하는 것은 학용품값인데 이것을 모르니까 □라고 합시다. '6000원의 $\frac{1}{3}$'을 식으로 나타내면 $6000 \times \frac{1}{3}$입니다. $6000 \times \frac{1}{3}$이 학용품값 □이므로 이를 식으로 나타내면 다음과 같습니다.

$$6000 \times \frac{1}{3} = \square$$

$6000 \times \frac{1}{3} = 2000$이므로 학용품값은 2000원입니다. 식만 세울 수 있다면 그다음은 이처럼 식에 따라 계산하여 문제를 해결할 수 있습니다.

이번에는 문제를 바꾸어 보겠습니다.

쏙쏙
문제 풀기 2

철수는 가진 돈의 $\frac{1}{3}$로 학용품을 샀다. 학용품값이 2000원이었다면 철수가 처음에 가진 돈은 얼마였는가?

처음부터 식을 세우기 어렵다고 생각되면 문제를 그림으로 나타내 보세요. 그림 그리기 전략을 함께 사용하면 쉽게 식을 세울 수 있답니다.

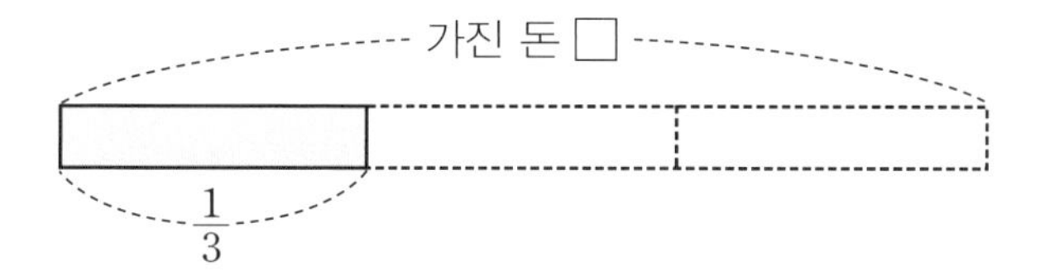

문제에 나타난 정보를 살펴보면, 가진 돈의 $\frac{1}{3}$로 학용품을 샀으며 학용품값이 2000원이라고 하였습니다. 결국은 가진 돈의 $\frac{1}{3}$과 2000원이 같다는 뜻이지요. 그러면 다음과 같이 식을 세울 수 있습니다.

$$\text{가진 돈의 } \frac{1}{3} = 2000$$

가진 돈을 □라고 하면,

$$\square \times \frac{1}{3} = 2000$$

입니다. □의 값을 어떻게 구할 수 있을까요? 간단히 하여 풀기 전략을 사용하여 봅시다. □×3=6에서 □의 값을 6÷3으로 구할 수 있듯이 $\square\times\frac{1}{3}=2000$에서 $\square=2000\div\frac{1}{3}$로 구할 수 있습니다.

$$\begin{aligned}\square&=2000\div\frac{1}{3}\\&=2000\times3\\&=6000\end{aligned}$$

그러므로 6000원이 됩니다.

문제의 수준을 조금씩 높여 보겠습니다.

쏙쏙 문제 풀기 3

명수는 자전거를 타고 집에서 학교로 갈 때에는 시속 12km로, 학교에서 집으로 올 때에는 시속 18km로 다닌다. 명수가 집에서 학교로 가는 데 30분 걸렸다면 학교에서 집으로 오는 데 얼마나 걸리겠는가?

문제에 제시된 정보를 요약하면 다음과 같습니다.

집 → 학교 : 시속 12km, 학교 → 집 : 시속 18km

집 → 학교 : 30분, 학교 → 집 : □분

이 문제를 해결하기 위해서는 시속의 뜻을 알아야 합니다. 시속의 뜻을 모르면 이 문제를 해결할 수 없습니다. 이처럼 문제를 해결하기 위해서는 문제에 나타난 용어의 정확한 뜻을 알고 있어야 합니다. 속력이란 빠르기를 나타내는데 시속, 분속, 초속 등이 있습니다. 시속은 1시간에, 분속은 1분에, 초속은 1초에 간 거리를 말합니다. 즉, 4시간에 100km를 갔다면 1시간에 25km씩 갔으므로 시속은 25km입니다. 100m를 10초에 달렸다면 초속 10m로 달린 것입니다. 이것은 세계 기록에 가까운 것으로 매우 빠르게 달린 것입니다.

속력, 거리, 시간 사이의 관계를 나타내면 다음과 같습니다.

$$속력=\frac{거리}{시간}$$

문제는 학교에서 집으로 오는 데 걸린 시간을 구하는 것입니다. 걸린 시간을 구하려면 '$속력=\frac{거리}{시간}$'를 이용하여야 합니다.

자, 그럼 정보를 하나하나 이용하여 볼까요? 학교에서 집으로 올 때의 속력은 시속 18km라고 문제에서 주어졌는데……. 학교에서 집까지 거리를 알아야 하겠지요? 그런데 거리가 없네요. 어떻게 하지요? 문제에서 힌트를 주었습니다. 그 힌트를 보면 학교에서 집까지의 거리를 구할 수 있습니다. 집에서 학교까지 시속 12km로 30분 걸렸다고 하였으므로 이 정보를 이용하면 거리를 구할 수 있습니다. 1시간에 12km의 빠르기로 30분 걸렸다면 거리는 6km임을 알 수 있습니다.

이제 해결할 수 있지요?

$$18=\frac{6}{\triangle}$$

$$\triangle=\frac{6}{18}=\frac{1}{3}$$

$\frac{1}{3}$시간 걸립니다. $\frac{1}{3}$시간은 20분이지요. 답은 20분입니다.

초등학교 수학에서는 미지수를 □, △ 등의 그림으로, 중학교에서는 x, y 등의 문자로 나타냅니다. 미지수를 이처럼 그림이나 문자로 나타내면 계산하기가 편리하기 때문입니다. 앞으로는 미지수를 x나 y로 나타내겠습니다.

문제 풀기 4

어느 회사 시험에서 합격자는 지원자의 $\frac{1}{8}$보다 30명이 더 많았고, 불합격자는 지원자의 $\frac{4}{5}$보다 45명이 더 많았다. 지원자는 모두 몇 명인가?

지원자를 x명이라고 하면, x를 이용하여 합격자 수와 불합격자 수를 다음과 같이 나타낼 수 있습니다.

$$합격자\ 수 : x\times\frac{1}{8}+30 \Rightarrow \frac{1}{8}x+30$$

$$불합격자\ 수 : x\times\frac{4}{5}+45 \Rightarrow \frac{4}{5}x+45$$

대부분은 여기까지 문제를 식으로 나타낼 수 있을 것입니다. 그런데 선뜻 더 이상 앞으로 나아가지 못합니다. 왜 그럴까요? 문제에 드러난 정보는 식으로 나타낼 수 있지만 그다음부터는 문제에 드러나지 않은 정보를 알아내야 하기 때문입니다. 그렇다면 이 문제에는 어떤 정보가 숨겨져 있을까요?

지원자, 합격자, 불합격자 사이의 관계에 주목해 보세요. 합격자와 불합격자를 합하면 지원자가 되겠지요? 이런 관계는 문제에 나타나지 않습니다. 숨겨져 있습니다. 숨겨져 있는 관계를 여러분 스스로 알아내야 하는데, 그렇지 못하면 여기에서 실패하고 맙니다. 그래서 식 세우기 전략이 어렵습니다.

합격자와 불합격자를 합하면 지원자가 되므로 이를 식으로 나타내면 다음과 같습니다.

$$\text{지원자}=\text{합격자}+\text{불합격자}$$
$$x=\left(\frac{1}{8}x+30\right)+\left(\frac{4}{5}x+45\right)$$

이 식을 정리하여 계산하면 다음과 같습니다.

$$x-\frac{1}{8}x-\frac{4}{5}x=30+45$$
$$\left(1-\frac{1}{8}-\frac{4}{5}\right)x=75$$
$$\frac{3}{40}x=75$$
$$x=1000$$

그러므로 지원자는 모두 1000명입니다.

이처럼 식을 세우면 쉽게 해결할 수 있습니다. 하지만 식을 세우지 못한다고 해서 문제를 해결할 수 없다는 것은 아닙니다. 이 문제를 식 세우기 전략이 아닌 그림 그리기 전략으로 해결해 보겠습니다.

합격자와 불합격자를 비교하기 쉽게 하기 위하여 분모를 같게 하면 $\frac{5}{40}$와 $\frac{32}{40}$입니다. 문제를 그림으로 나타내면 다음과 같습니다.

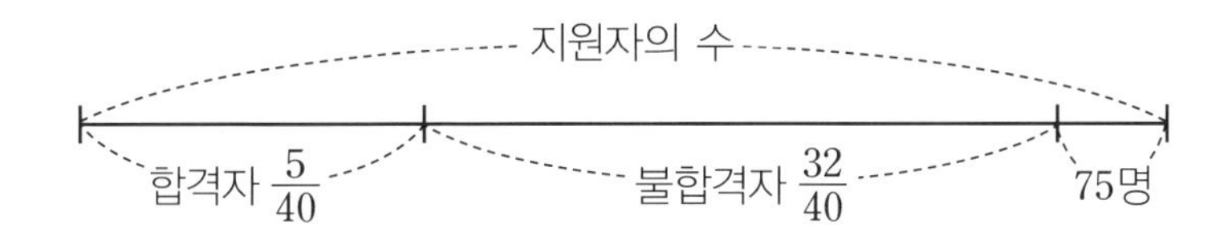

문제를 그림으로 잘 나타내면 그림 속에서 문제 해결의 단서를 잡을 수 있습니다2교시 참고. 그림에서 75명은 합격자 중 30명과 불합격자 중 45명을 합한 것을 알 수 있습니다.

$1-\frac{5}{40}-\frac{32}{40}=\frac{3}{40}$이므로 75명은 전체의 $\frac{3}{40}$에 해당됩니다. 우리가 구하고자 하는 것은 전체, 즉 지원자의 수입니다. $\frac{3}{40}$이 75이므로 $\frac{1}{40}$은 25명입니다. 따라서 $\frac{40}{40}$은 1000명입니다.

비슷한 유형의 문제를 하나 더 풀어 봅시다.

쏙쏙 문제 풀기 5

24년 후, 철수 나이는 지금의 4배가 된다. 지금 철수의 나이는 몇 살인가?

문제에 나타난 정보는 '24년 후, 철수 나이', '지금의 4배', '지금 철수의 나이는 몇 살?'입니다. 세 가지 정보 사이에 어떤 관계가 있는지 알아봅시다. 우선, 24년 후의 철수 나이와 지금 나이의 4배가 같다고 하였으므로 (24년 후의 철수 나이)=(지금 나이의 4배)입니다. 지금 나이를 x라고 하면

24년 후의 나이=지금 나이의 4배

$$x+24=4x$$

$$3x=24$$

$x=8$ 답 : 8살

조금 더 어려운 문제를 해결하여 봅시다.

문제 풀기 6

벌들이 꿀을 따고 있다. 전체의 $\frac{1}{5}$은 아카시아꽃에, $\frac{1}{3}$은 밤꽃에, 그 벌들의 차의 3배는 싸리나무꽃에 앉았다. 남은 8마리는 하늘을 날고 있다. 벌은 모두 몇 마리인가?

구하고자 하는 것은 전체 벌의 수입니다. 이것을 x라고 하면 아카시아꽃에는 $\frac{1}{5}x$마리, 밤꽃에는 $\frac{1}{3}x$마리, 싸리나무꽃에는 $3\left(\frac{1}{3}x-\frac{1}{5}x\right)$마리가 앉아 있고, 하늘을 나는 벌은 모두 8마리입니다. 전체 벌의 수를 x라고 하였으므로 다음과 같이 식을 세울 수 있습니다.

$$x=\frac{1}{5}x+\frac{1}{3}x+3\left(\frac{1}{3}x-\frac{1}{5}x\right)+8$$

이 식을 정리하면,

$$x=\frac{3}{15}x+\frac{5}{15}x+3\left(\frac{5}{15}x-\frac{3}{15}x\right)+8$$
$$x=\frac{14}{15}x+8$$

$$\frac{1}{15}x=8$$

$$x=120 \quad \text{답 : 120마리}$$

좀 색다른 문제를 하나 더 풀어 봅시다.

쏙쏙 문제 풀기 7

철수는 금메달 4개, 은메달 6개, 또는 동메달 12개를 살 수 있는 돈을 갖고 있다. 만약 금, 은, 동메달을 1세트로 판매한다면 철수는 이 돈으로 모두 몇 세트를 살 수 있겠는가?

금, 은, 동메달의 1개 값이 얼마인지 우선 알아야 하겠지요. 철수가 가진 돈을 A원이라고 하면 금메달 1개 값은 $\frac{A}{4}$원, 은메달 1개 값은 $\frac{A}{6}$원, 동메달 1개 값은 $\frac{A}{12}$원입니다. 따라서 금, 은, 동 1세트의 값은 $\left(\frac{A}{4}+\frac{A}{6}+\frac{A}{12}\right)$원입니다.

철수가 가진 돈 A원으로 x세트를 산다고 한다면

$$\left(\frac{A}{4}+\frac{A}{6}+\frac{A}{12}\right)x=A$$

로 나타낼 수 있습니다. 이 식을 정리하면

$$\left(\frac{3A}{12}+\frac{2A}{12}+\frac{A}{12}\right)x=A$$

$$\frac{6A}{12}x=A$$

$$x=2$$ 답 : 2세트

아주 복잡하고 어려운 문제라고 하더라도 식을 세우면 문제가 매우 간단해지고, 해결 방법 또한 뚜렷해집니다. 이처럼 문제 해결에서 식 세우기 전략은 가장 우수하며, 이 전략을 능숙하게 익히는 것이 우리의 궁극적인 목표입니다. 그럼에도 우리가 제대로 식을 세우지 못하는 것은 문제에 제시된 정보 사이의 관계를 모르기 때문입니다. 이러한 관계를 잘 파악하려면 무엇보다 그와 관련된 기본적인 지식이 충분히 있어야 할 것입니다.

비록 식 세우기 전략이 어렵다고 하더라도 차근차근 기본 지식을 쌓고, 꾸준히 노력하면 매우 뛰어난 문제 해결자가 될 수 있을 겁니다.

여러분, 힘내세요!

수업 정리

❶ 문제에 나타난 정보 사이의 관계를 알아야 합니다.

❷ 구하고자 하는 수를 x라고 하고, 문제를 식으로 나타냅니다.

> 어느 회사 시험에 합격자는 지원자의 $\frac{1}{8}$보다 30명이 더 많고, 불합격자는 지원자의 $\frac{4}{5}$보다 45명이 더 많다. 지원자는 모두 몇 명인가?

지원자를 x명이라고 하면,

합격자는 지원자의 $\frac{1}{8}$보다 30명이 더 많고

(합격자 $= x \times \frac{1}{8} + 30$ ➡ $\frac{1}{8}x + 30$)

불합격자는 지원자의 $\frac{4}{5}$보다 45명이 더 많다.

(불합격자 $= x \times \frac{4}{5} + 45$ ➡ $\frac{4}{5}x + 45$)

❸ 문제에서 숨겨진 관계정보를 알아냅니다.

속력 $= \frac{\text{거리}}{\text{시간}}$, 지원자 $=$ 합격자 $+$ 불합격자

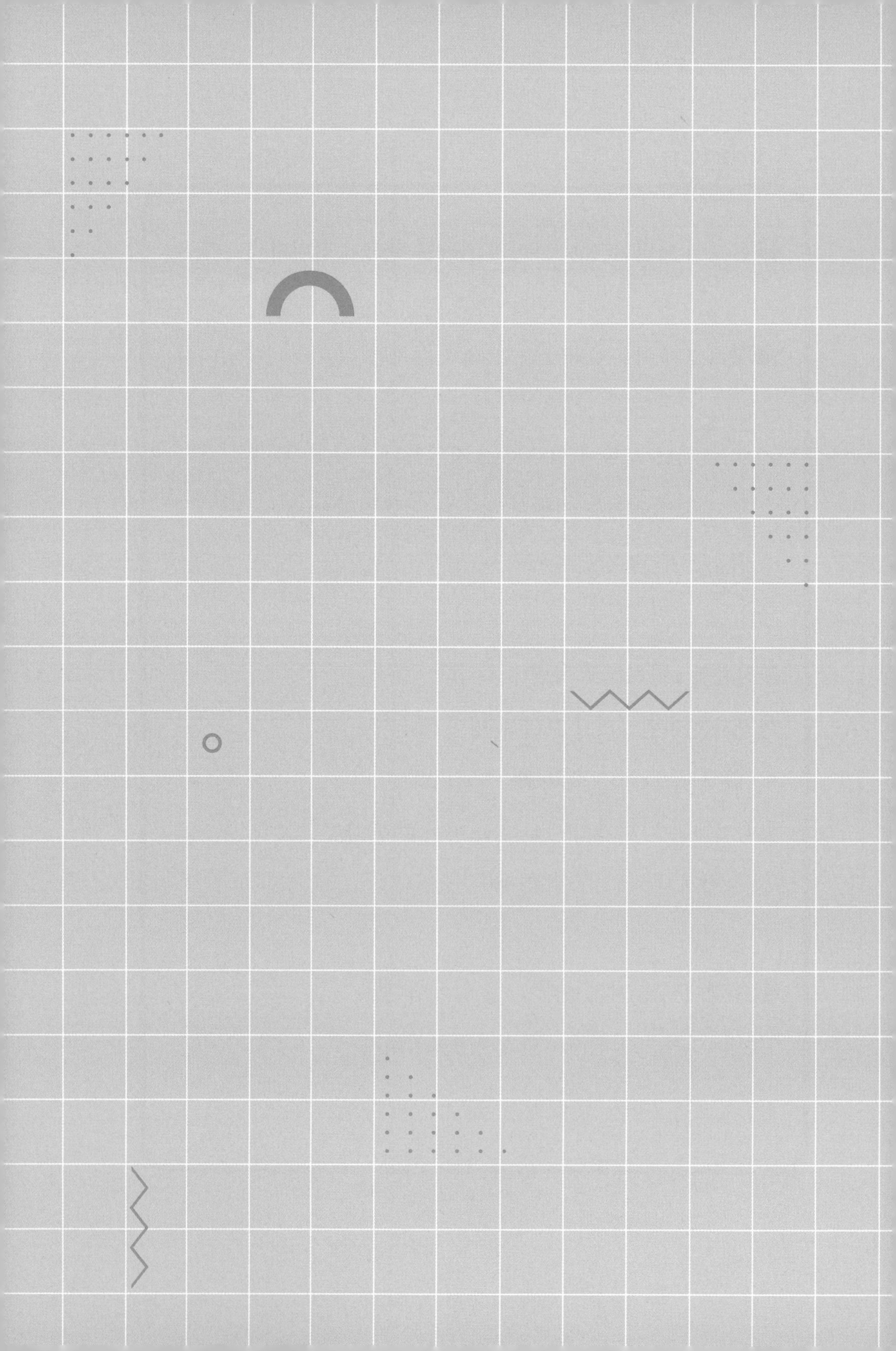

9교시

기타 전략

그 외 여러 가지 전략으로 문제를 해결합니다.

수업 목표

1. 관점을 바꾸어 문제를 해결할 수 있습니다.
2. 수형도를 그려서 문제를 해결할 수 있습니다.
3. 논리적으로 추론하여 문제를 해결할 수 있습니다.

미리 알면 좋아요

1. **관점 바꾸기** 다른 측면에서 문제를 생각하고 해결 방법을 찾아내는 것을 말합니다.
2. **수형도** 여러 가지 경우의 수를 체계적으로 나타낼 때 사용되는 그림을 말합니다.

3. **논리적으로 추론하기** 문제에 나타난 정보를 이용하여 가능한 방법을 탐색하는 방법입니다.

폴리아의 아홉 번째 수업

지금까지 문제 해결에서 가장 많이 사용하는 일곱 가지 전략에 대하여 공부하였습니다. 그러면서 한 문제에 한 가지 전략만 적용되는 것이 아니라 여러 전략이 뒤섞여 사용된다는 것도 깨닫게 됐습니다.

이제부터 여러분은 문제 상황에 따라 적절한 전략을 능숙하게 사용할 수 있어야 합니다.

리그 오브 레전드 등 여러 온라인 게임에서도 다양한 무기가 있어야 상대를 이길 수 있듯 문제 해결에서도 다양한 전략을 능숙하게 사용할 줄 아는 사람이 성공합니다. 다양한 전략을 자유자재로 사용할 수 있으려면 무엇보다 차분히 생각하는 자세와 문제를 해결하려는 꾸준한 노력이 필요합니다.

이번 시간에는 자주 사용되지는 않지만 문제 해결에 유용한 전략을 몇 가지 설명하겠습니다.

1. 관점 바꾸기

관점 바꾸기 전략은 문제를 다른 관점에서 이해하고, 해결 방법을 찾는 전략입니다.

불을 생각하여 봅시다. 불은 우리 생활에서 없어서는 안 될 매우 중요한 것입니다. 하지만 모든 것을 잿더미로 만들 수 있으므로 불은 있어서는 안 될 두렵고 위험한 대상이 됩니다. 이처럼 어떤 사물이나 현상이라도 관점에 따라 해석이 달라지는 것을 알 수 있습니다.

우리가 해결해야 할 문제도 마찬가지입니다. 어느 한 면만 볼 때는 해결 방법이 도무지 없다가도 다른 면에서 그 문제를 바라보고 생각하면 해결 방법이 떠오를 수 있습니다. 그러므로 이런 관점 바꾸기는 문제 해결에 없어서는 안 될 유용한 전략 중 하나이지요.

유명한 수학자 가우스가 초등학교에 다닐 때 담임선생님이 $1+2+3+4+\cdots\cdots+99+100$을 계산하라고 하였습니다. 선생님은 1부터 차례차례 더하면 시간이 오래 걸릴 것이라고 예상하였습니다만 가우스는 누구도 생각지 못한 방법으로 아주 쉽게 그리고 매우 짧은 시간에 계산하였습니다.

그 전략이 무엇이냐고요? 바로, 좀 전에 알려 준 관점 바꾸기였습니다. 1부터 차례차례 더한다는 것은 보통 사람들의 생각입니다. 하지만 가우스는 1과 100, 2와 99, 3과 98 등과 같이 짝을 지으면 101이 된다는 것을 이용한 것입니다.

$$(1+100)+(2+99)+(3+98)+\cdots\cdots+(50+51)$$
$$=101\times50$$
$$=5050$$

다음 문제를 관점 바꾸기 전략으로 해결하여 봅시다.

쏙쏙 문제 풀기 1

철수네와 민호네는 자동차로 함께 여행을 가고 있다. 철수네는 30분 전에 80km로 목적지를 향하여 출발하였다. 민호네는 지금 출발하여 시속 100km로 같은 길을 따라 뒤쫓아 가고 있다. 민호네는 얼마 후에 철수네를 만날 수 있겠는가?

대부분의 학생은 이 문제를 해결하기 위하여 식 세우기 전략을 사용하려고 합니다. 하지만 식을 세우는 일이 어렵습니다. 그래서 끙끙거리다가 중도에 포기하는 학생도 많습니다. 그러나 관점을 바꾸어서 문제를 다시 이해해 보는 게 어떨까요?

철수네가 30분 전에 출발하였다고 하였으니 40km 떨어져 있습니다. 철수네는 시속 80km로 달리고 있고, 민호네는 시속 100km로 달리고 있으므로 민호네는 1시간에 얼마나 따라잡을 수 있을까요? 1시간에 20km씩 따라잡을 수 있습니다. 따라서 40km를 따라잡으려면 2시간이 걸립니다.

어떤가요? 식을 세우지 않고도 해결하였지요? 이처럼 문제를 다른 측면에서 이해하면 쉽게 해결할 수 있답니다.

쏙쏙 문제 풀기 2

다음은 반지름이 10cm인 원에 직사각형 ㅇㄱㄴㄷ을 그렸다. 선분 ㄱㄷ의 길이는 얼마인가?

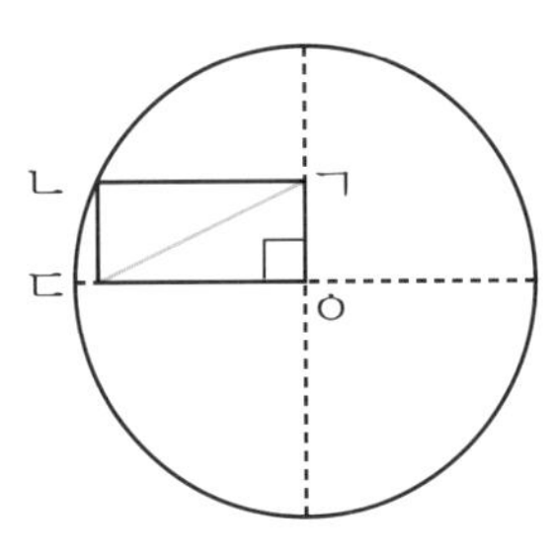

선분 ㄱㄷ의 길이를 직접 구하는 것은 불가능합니다. 다른 측면에서 문제를 생각하여 봅시다. 선분 ㄱㄷ의 길이는 직사각형의 대각선인데 대각선의 길이를 구하라는 문제입니다. 직사각형에서 두 대각선의 길이는 같다는 사실은 알고 있지요?

선분 ㄱㄷ의 길이와 선분 ㅇㄴ의 길이는 같습니다. 그렇게 생각하니까 선분 ㅇㄴ의 길이는 반지름이라는 것을 알 수 있지요? 네, 그렇습니다. 선분 ㄱㄷ의 길이는 10cm입니다.

약간 어려운 문제를 풀어 봅시다.

쏙쏙
문제 풀기 3

직선으로 300km 떨어진 A, B 역에서 기차가 마주 보고 동시에 시속 100km로 출발하였다. 기차가 출발함과 동시에 벌이 A역에서 B역을 향하여 시속 120km로 날기 시작하였다. 벌은 B역을 출발한 기차와 마주치면 되돌아 A역을 향하여 날고, A역을 출발한 기차와 마주치면 되돌아 B역을 향하여 날아간다. 기차와 마주칠 때마다 벌은 두 기차 사이를 오가며 날고 있다. 그러면 두 기차가 마주칠 때까지 벌이 날아다닌 거리는 얼마인가?

이 문제를 식 세우기 전략으로 해결하려고 덤비면 아주 어려워지며, 고등학교 2학년 수준의 문제가 됩니다. 관점을 바꾸어 볼까요? 벌은 시속 120km로 날아다닌다고 하였고, 벌이 날아다닌 거리의 합을 구하라고 하였습니다. 그러면 벌이 날아다닌 시간을 알 때 거리를 구할 수 있겠지요? 생각이 여기까지 미쳤다면 문제는 거의 해결된 것이나 다름없습니다. 벌은 얼마 동안 날아다녔을까요? 두 기차가 마주칠 때까지 날아다녔습니다. 두 기차가 마주칠 때까지 걸린 시간은 1시간 30분입니다. 왜냐하면 300km떨어진 거리를 시속 100km로 마주 보고 달린다고 하였으므로 중간 지점인 150km에서 만나겠지요? 그래서 1시간 30분 후에 만나게 됩니다.

벌은 1시간 30분 동안 시속 120km로 끊임없이 두 기차 사이를 왔다 갔다 하면서 날아다닌 것입니다. 따라서 벌은 180km를 날아다닌 셈입니다.

우리 대부분은 어느 한쪽에서만 사물이나 현상을 바라보고 있어서 문제 해결을 더욱 어렵게 합니다. 문제를 해결하는 데는 여러 측면에서 바라볼 수 있는 능력이 필요합니다. 이것이 사고의 유연성이며 곧 창의성입니다.

2. 수형도 그리기

수형도란, 나뭇가지 그림이라는 뜻입니다. 수형도는 나무의 줄기에서 가지가 뻗어 나고, 가지에서 더 작은 가지로 뻗어 나가는 것처럼 여러 가지 경우를 체계적으로 나타내거나 경우의 수를 셀 때 사용하는 전략입니다.

다음 문제를 해결하여 봅시다.

1, 2, 3, 4의 숫자를 한 번만 사용하여 만들 수 있는 네 자리 수는 모두 몇 개인가?

무턱대고 네 자리 수를 만들고 이를 세는 것은 빠뜨리거나 중복되기 때문에 틀리기 쉽습니다. 그러므로 체계적으로 네 자리 수를 만들어야 합니다.

천의 자리가 1이라면 백의 자리는 2, 3, 4 중의 하나가 될 것이고, 백의 자리가 2라면 십의 자리는 3, 4 중의 하나가 될 것입니다. 이를 수형도로 나타내면 다음과 같습니다.

```
     2 < 3 — 4 ······ 1234
         4 — 3 ······ 1243
1 —  3 < 2 — 4 ······ 1324
         4 — 2 ······ 1342
     4 < 2 — 3 ······ 1423
         3 — 2 ······ 1432
```

천의 자리가 1일 때 만들 수 있는 네 자리 수는 6개입니다. 천의 자리가 2, 3, 4일 때도 마찬가지이므로 모두 24개를 만들 수 있습니다.

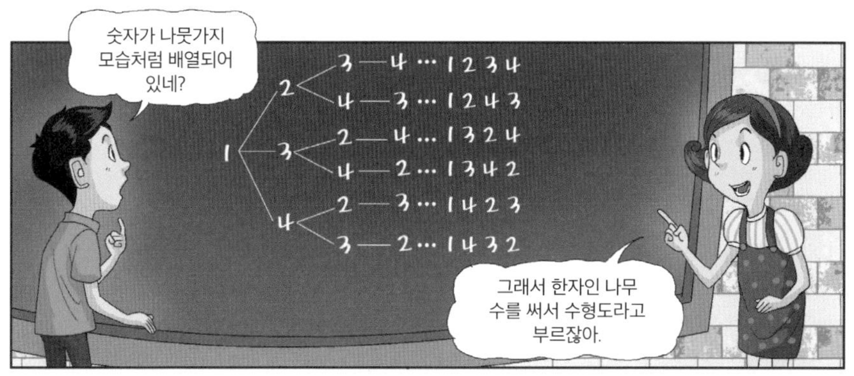

이처럼 수형도 그리기 전략은 여러 가지의 경우를 체계적으로 나타낼 때 몹시 효과적입니다.

3. 논리적으로 추론하기

어떤 문제든 해결 과정에서 논리적으로 추론하지 않고 해결할 수 없습니다. 논리적으로 추론하기는 가능성 있는 해결 방법을 하나씩 점검하면서 불가능한 방법은 제거하고 가능한 해결 방법을 탐색하는 방법입니다.

자, 그러면 다음 문제를 해결하여 봅시다.

쏙쏙 문제 풀기 5

어느 농부가 개 1마리, 닭 1마리 그리고 배추를 들고 시장으로 가고 있다. 마침 강을 건너야 하는데 배가 1척밖에 없다. 개, 닭, 배추 중 어느 하나만 실어야 한다. 그런데 개와 닭만 남겨 놓으면 개가 닭을 해치고, 닭과 배추만 남겨 놓으면 닭이 배추를 먹는다. 이 농부가 배를 타고 강을 건너가는 방법을 말하시오.

이런 종류의 문제는 8세기 무렵 아일랜드 또는 고대 중국의 수학책에 나옵니다. 차근차근 논리적으로 사고할 수 있어야 문제를 해결할 수 있습니다. 먼저, 닭을 데리고 강을 건넙니다. 닭을 내려놓고 와서 이번에는 개를 태우고 강을 건넙니다. 개를 내려놓고 닭과 함께 반대편으로 건너옵니다. 이번에는 닭을 내려놓고 배추를 싣고 강을 건넙니다. 배추를 내려놓고 건너편으로 건너와서 닭을 태우고 강을 건너갑니다. 이를 그림으로 나타내면 다음과 같습니다.

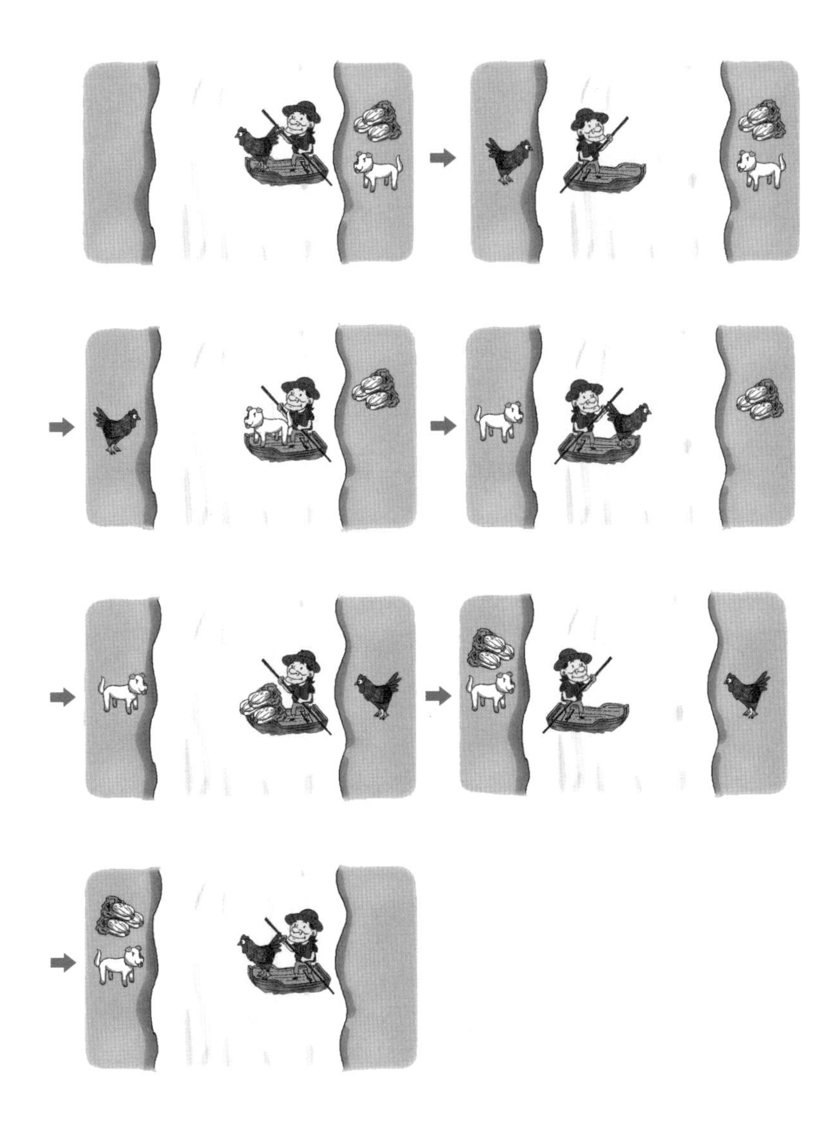

쏙쏙 문제 풀기 6

양팔저울에 사과, 귤, 포도를 다음과 같이 올려놓았더니 수평을 이루었다. □에는 사과를 몇 개 올려놓아야 하겠는가?

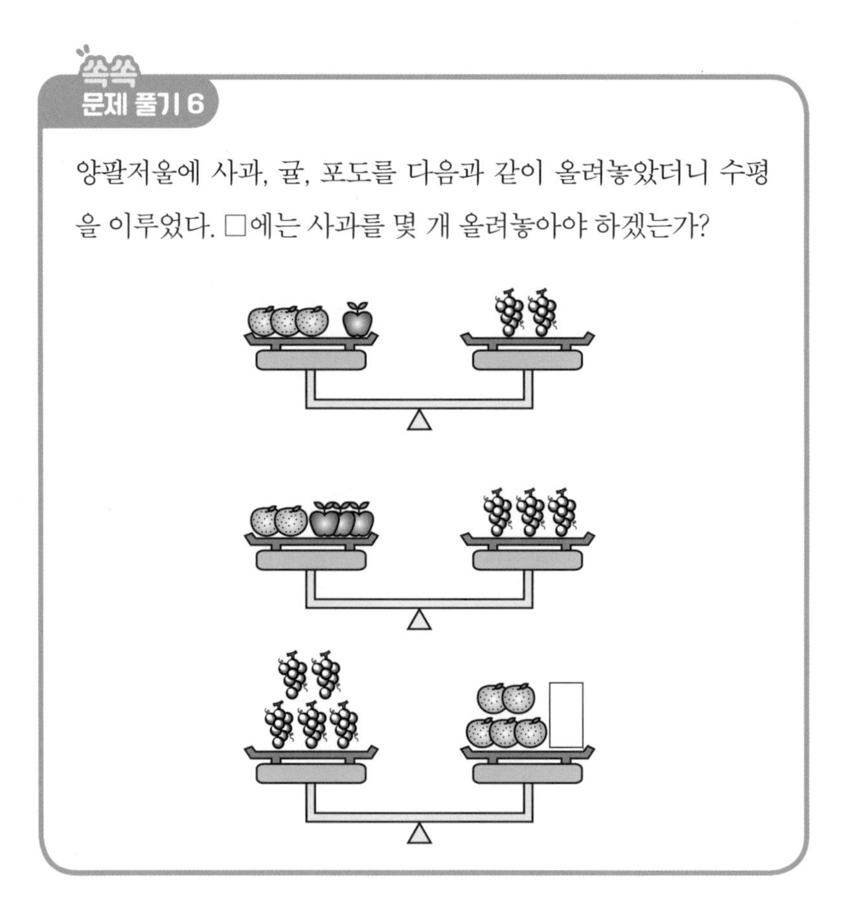

셋째 저울에서 포도 5개인 점에 주의를 기울이면 첫째와 둘째 저울에 포도가 각각 2개, 3개가 있으므로 이를 합하면 포도 5개가 됩니다. 그렇다면 포도 5개의 무게는 첫째 저울의 귤 3개와 사과 1개, 둘째 저울의 귤 2개와 사과 3개를 합한 무게와 같습니다.

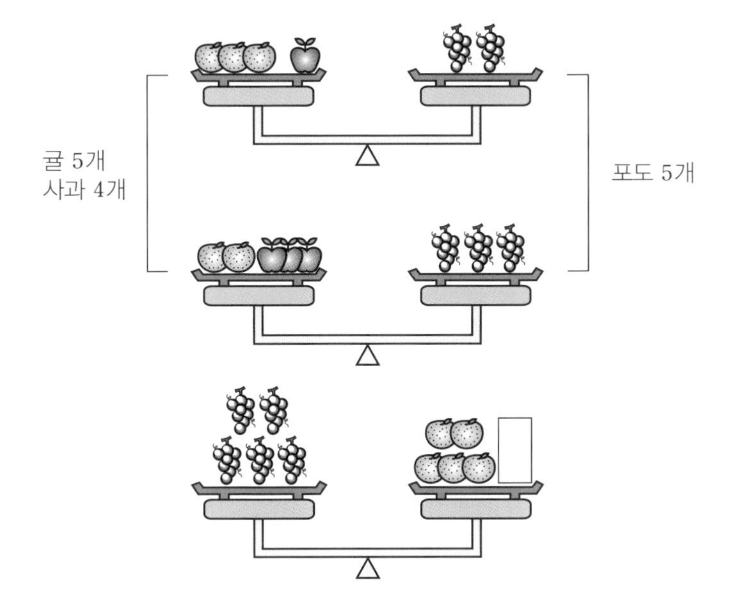

따라서 셋째 저울에는 사과 4개를 더 올려놓아야 합니다.

쏙쏙 문제 풀기 7

나무를 톱으로 자르고 있다. 통나무 1개를 4도막으로 자르는 데 12분 걸린다. 같은 통나무를 12도막으로 자르는 데 걸리는 시간은 얼마인가?

4도막으로 자르는 데 12분이면 12도막으로 자르려면 36분 걸린다고 대답하는 것은 성급한 판단입니다. 문제를 읽으면서 문제에 숨겨져 있는 여러 정보를 파악할 수 있어야 합니다. 숨겨진 정보를 알아내는 것은 일상생활에서도 꼭 필요한 능력입니다. 숨겨진 정보를 찾아내려면 무엇보다 문제를 곰곰이 논리적으로 생각해야 합니다.

통나무를 4도막으로 자르려면 톱질을 몇 번 해야 할까요? 4번? 아니죠. 3번만 톱질하면 나무는 4도막으로 잘립니다. 따라서 1번 톱질하는 데 4분 걸린다는 것을 알 수 있습니다. 12도막으로 자르려면 톱질을 11번 해야 하므로 44분 걸리겠지요.

마지막으로 어려운 문제를 해결하여 봅시다. 여러분의 실력이 얼마나 향상되었는지 스스로 점검하여 보세요.

쏙쏙 문제 풀기 8

A, B, C, D, E는 1, 2, 3, 4, 5 중의 어느 한 수를 나타낸다. 다섯 수 사이에 다음과 같은 관계가 있을 때 각 문자에 해당되는 수를 구하시오.

(1) A는 B의 2배이다.
(2) C는 D의 2배보다 크다.
(3) B와 E의 합은 C와 같다.

조건을 하나씩 점검하면서 각 문자에 해당되는 수를 알아봅시다. (1)에서 B의 값은 1 또는 2입니다. 왜냐하면 B가 3 이상이면 A는 6 이상이 되므로 해당되는 수가 없게 됩니다. 따라서

가 : B가 1이면 A는 2

나 : B가 2이면 A는 4

또 (2)에서도 마찬가지로 D는 1이거나 2이어야 합니다. 만약 D가 1이라고 한다면 '가'의 경우 B와 중복되므로 D는 1이 아닙니다. 그런데 '나'의 경우라고 한다면 중복되지 않으므로 D는 1일 수 있습니다.

또 D가 2라고 하면 '가', '나'의 경우와 모두 중복되므로 D는 2가 불가능합니다.

이를 종합하면 A=4, B=2, D=1입니다. 나머지는 3과 5입니다. (3)에서 B와 E의 합이 C와 같다고 하였으므로 이를 3, 5와 조합하여 보면 C는 5이고, E는 3입니다.

따라서 A=4, B=2, C=5, D=1, E=3입니다.

이제까지 문제 해결에 대한 여러 전략을 공부하였습니다. 문제를 해결하려면 적절한 전략이 있어야 하며, 다양한 전략이 있어야 어떤 문제라도 능숙하게 해결할 수 있습니다.

수학을 공부하는 데 가장 중요한 것은 문제를 읽고, 무엇을 묻는 문제인지, 문제에 나타난 정보 사이에는 어떤 관계가 있

는지, 이제까지 내가 배운 내용과 어떤 관계가 있는지 등을 차분하게 인내심을 가지고 생각하는 자세가 몸에 배어 있어야 합니다. 이런 일은 하루아침에 이루어지지 않겠지요? 그러나 하루하루 꾸준히 연습한다면 여러분은 자신도 모르는 사이에 문제 해결 능력이 놀라울 만큼 향상될 것입니다.

여러분, 수학은 어려운 것이 절대 아닙니다. 태어날 때부터 수학을 잘하는 사람은 없습니다. 그러므로 누구나 수학을 잘할 수 있습니다. 이제부터 끈기 있게 생각하는 자세를 가져 보세요. 충분히 잘할 수 있을 것으로 믿습니다.

수업 정리

❶ 문제 해결 전략에는 그림 그리기, 예상과 확인하기, 규칙 찾기, 표 만들기, 간단히 하여 풀기, 거꾸로 풀기, 식 세우기 등이 있습니다.

❷ 기타 전략으로 관점 바꾸기, 수형도 그리기, 논리적으로 추론하기 등이 있습니다.

❸ 관점 바꾸기는 문제를 다른 측면에서 이해하고 해결 방법을 탐색하는 방법입니다.

❹ 수형도 그리기는 여러 가지의 경우를 차례대로, 빠짐없이 셀 때 사용하는 전략입니다.

❺ 논리적 추론하기는 해결 가능성의 경우를 차근차근 따져서 문제를 해결하는 전략입니다.

NEW 수학자가 들려주는 수학 이야기 18

폴리아가 들려주는 문제 해결 전략 이야기

2판 1쇄 인쇄일 | 2025년 4월 23일
2판 1쇄 발행일 | 2025년 5월 7일

지은이 | 신준식
펴낸이 | 정은영
펴낸곳 | (주)자음과모음

출판등록 | 2001년 11월 28일 제2001-000259호
주소 | 10881 경기도 파주시 회동길 325-20
전화 | 편집부 (02)324-2347, 경영지원부 (02)325-6047
팩스 | 편집부 (02)324-2348, 경영지원부 (02)2648-1311
e-mail | jamoteen@jamobook.com

ISBN 978-89-544-5214-4 44410
978-89-544-5196-3 (세트)